中公新書 2384

西垣 通著

ビッグデータと人工知能

可能性と罠を見極める

中央公論新社刊

まえがき

インターネットやロボットによって、社会がどんどん変わっていく。われわれの仕事の大半は近々コンピュータに奪われるだろうという、きな臭い噂《うわさ》も聞こえてくる。そして「ビッグデータ」と「人工知能」こそは、最近のＩＴ業界において、もっとも声高に語られるテーマに他ならないのだ。

マスコミからは、ビッグデータや人工知能がもたらす経済効果や、明るい未来社会のイメージがくりかえし流れてくる。すでに海外でも国内でも、研究開発が盛んに進められている。それらは汎用、つまりどんな目的にでも使えるという声さえもある。関連する最新技術や、ビジネスの動向をまとめた啓蒙書《けいもうしょ》もたくさん刊行されている。

だが、ビッグデータや人工知能のせいで、われわれ一般人の生活は実際にどうなるのだろうか？　それがどうも、ボウッとして明確でないのだ。先端技術や実験的プロジェクトなどの大半は、数年のうちに消えてしまうだろう。ほとんどの関係者のコメントは、あまりにバラ色で楽天的すぎる。研究予算獲得のためや、ＩＴ業界への配慮からかもしれない。ほしいのは、もっと冷静中立で本質的な洞察にもとづく、長期的な見通しなのである。

考えてみよう。目の前にいろいろな難問が立ちはだかっているとする。――たとえば「急に体調が悪くなったが、どこでどういう治療をうければいいか」「高齢の親の介護が大変なので、誰か手伝ってくれないか」「定期預金の金利が低すぎるが、株式投資の助言をしてくれないか」「いま購入するとしたら、どんなマンションがいいのか」などなど……。

こういった難問の解決に、ビッグデータにもとづく人工知能は有用だと宣伝されている。だが、本当に信頼できるのだろうか。

コンピュータが人間のかわりに判断してくれたり、手を貸してくれたりしたら、たしかに楽だし、便利だ。なにしろ機械なのだから、どこかのお偉方とちがって嘘《うそ》などつくことはないだろう。最近はこちらの感情をわかるロボットさえ出現しているそうだから、優しく相手をしてくれるかもしれない。

だがもし、コンピュータがどうみても訳のわからない珍回答をだしてきたら、どう対処すればよいのか。「機械は正確なはず?」だから従うべきなのか。それで損害がでたり、事故がおきたりしたら、誰が責任をとってくれるのだろうか。

欧米では、二〇四五年に「シンギュラリティ（技術的特異点）」が到来するという予測がされていて、けっこう人々に支持されているそうだ。約三〇年すれば、人間より賢い、「意識」をもつ人工知能が出現し、何もかも任せられる時代になるというのである。

だが、そういうSF的な話は、どうも眉唾《まゆつば》くさい。原始的な単細胞さえ合成できないのに、人間の意識など創《つく》れるのだろうか。むしろ誰かが、人工知能の仮面をかぶって支配権を握りたいのだろうと疑いたくなる。これを邪推と言い切れるのか。

いずれにしても、二一世紀のいま、もはやただ一生懸命、欧米のコンピュータ文明の後追いをしていればよいというものでもない。日本でも二〇一六年に、政府主導で人工知能技術戦略会議がつくられ、超スマート社会をめざす「ソサエティー5・0」という取り組みが本格的に開始された。

だからまず、ビッグデータや人工知能が真に有用であるのかどうか、われわれ自身が自分の頭で確かめてみる必要がある。たとえ大まかにでも、それらの概要や動向を、文化的背景をふくめて理解しなくてはならない。そうして始めて、ビッグデータや人工知能のどこに明るい可能性や危険な罠《わな》があるのか、だんだん構図が浮かび上がってくるだろう。

本書は、右のような目的のために書き下ろしたものである。

目次

ビッグデータと人工知能——可能性と罠を見極める

第一章　ビッグデータとは何か

1・1　データが主役の時代

バズワードか？　キーワードか？

「ビッグデータ」とは何とまあ、味も素っ気もない言葉だ。データなど、昔から世の中に山ほどあるではないか。図書館の書庫には古今東西の書物がぎっしり詰まっている。官庁や企業のコンピュータには膨大なデータが貯蔵されていて、それをもとに新たなデータが次々と産出されている。さらに、テレビのニュースからは連日、日本列島の細かい気象データを収集し分析した結果がどんどん流れてくる。これらを合わせると、大量（ビッグ）なデータになるのは当然だろう。

とすれば、なぜ今さらビッグデータなどと騒いでいるのか？

こうして、この言葉はいわゆるバズワード（一時の流行語）に過ぎない、という冷めた見方も出てくる。ＩＴ（情報技術）分野ではバズワードは珍しくないのである。だが待ってほしい、ビッグデータをただのお祭りと見て軽視するのは早計なのだ。何と言われようと、ビッグデータにまつわる話題は今後、かならず続く。たとえ言葉自体は陳腐化し目立たなくなっても、概念そのものは絶対に消滅することなく、二一世紀の中枢概念として情報社会を支えていくだろう。なぜならそこには、これまでの人類文明史にない新たな特徴が幾つもあるからだ。

とりあえず特徴を三つほど挙げてみよう。

第一は文字通り、デジタル化による桁違いのデータ量（Volume）である。これは身近な記憶媒体の容量の伸長からも明らかだろう。ほんの一〇年あまり前までは、一メガバイトのフロッピーディスクが手軽に使われていた。だが今ではその三万二〇〇〇倍の三二ギガバイト、あるいはそれ以上の容量のUSB媒体がごく普通に利用されている（一メガは一〇〇万、一ギガは一〇億）。途方もないデータ量の激増ぶりなのだ。そして米国調査会社IDCの予測によれば、二〇二〇年には、地球上のデータ総量は何と四〇ゼタバイトにのぼるという（一ゼタは一〇の二一乗、つまり一〇億兆）。

この量は、図書館の蔵書など比べものにならない。だいたい、それほどの大量データを、誰が、いかに処理するのだろうか？——仮に二〇二〇年に世界の人口が八〇億人とすると、一人あたり五兆バイトとなる。新書一冊のデータ量は二四万バイト程度だから、新書だと約二〇〇〇万冊に相当する。八〇億人が手分けして読むという無茶な仮定をしたところで、人生八〇年として一日あたり、七〇〇冊近く読破しなくてはならない。これはもう、とても無理というもの……。要するに、手短にいうと、人間の処理能力をはるかに超える量のデータが地球上を覆い始めたという次第なのだ。

第二は、データの種類がむやみに多いこと（Variety）である。量だけでなく、質というか、内容や形式がとんでもなく多様なのである。これまで、図書館の蔵書にしろ、官庁企業の保有データにしろ、分野別に見ればデータの内容はだいたい似通っているし、形式もかなり整理されていた。だが、いまビッグデータと呼ばれるものの内容は、まさに千差万別そのもの……。あらゆる人々が書いた長短の文章、諸事百般についての様々な数表データ、画像や動画、音声や音楽など、考えるだけでくらくら眩暈《めまい》がしてくる。

単に種類が多いというだけではない。ここで肝心なのは、それらの多様なデータを別々に扱うのではなく、いわば有機的に連結して扱えるということなのだ。つまりビッグデータのアプリケーションでは、相異なるデータ同士を互いに関連させ、必要におうじて共有し、新たなデータを生み出しつつ処理するのである。ここが、単に書物が並んでいるだけの従来の図書館や、決まった目的のためにせいぜい限られた数種類の大容量ファイルを扱うだけの官庁や企業の処理とは、まったく違う点に他ならない。

こういう統合的な処理を支えるのが、近年のコンピュータ技術である。基盤となるのはまず、文字・画像・音声など多様なデータを、デジタル記号として統一的に扱うマルチメディア技術。これに加えて、世界中に散在するデータを、国境を越えて流通させ蓄積していくインターネット技術。さらに、グローバルなインターネットの上で、個人や組織が自在に多様なデータを処理できるウェブ技術、などなど。

異種データの組み合わせという意味で、ビッグデータは比較的オープンな性格を持っている。従来の官庁や企業のアプリケーションでも、データベースは共用だが、大半はクローズドな処理であり、異種のファイルの組み合わせで新たなアプリケーションが生まれることなど、まずなかった。これと違って、関係なさそうなデータ同士が有機的にむすびつき、アッと驚くような新たな価値をもつ点こそ、ビッグデータの面白さなのである。

第三の特徴は、こういった超大規模なデータ群を取得し上手に処理するための、革新的ハード／ソフト技術の出現である。とりわけ、各地域で発生する気象データ、交通状況データ、ツイッターの発信データなど、リアルタイムで目まぐるしく流れていく膨大なデータを扱えるようになった点は見逃せない。高速でとめどなく生成され続けるこれらストリーム・データは、いわば、移り変わる社会や人間のありさまを刻々と映しだしている。したがってそこに、新たなビジネスやアプリケーションの可能性がひらけるのだ。

というわけで、ストリーム・データ処理のキーポイントとして、速度（Velocity）が浮かび上がってくる。前述の二つと合わせて、「三つのV（Volume／Variety／Velocity）」は、ビッグデータの三特徴と言われているのである。

だが一方、これら三特徴、とくに最後の高速ストリーム・データ処理は、ＩＴエンジニアに難題をつきつけた。いかに大容量でも、長時間にわたって蓄積されたデータなら、きちんと整理しておけばすむ。構造化してデータベースに貯め込んでおき、後でおもむろに、エイヤと処理すればよいのだ。だがたとえば、無数の人々の携帯電話からまるで急流のようになだれこんでくる、多種多量のデータを上手にさばくとなると、これはまさに、至難の業ではないか……。

インターネットを前提とした近年のデータ処理サービス、とりわけクラウド・コンピューティングが、ここで解決の道をひらいた。そういっても過言ではない。個々のユーザーは、自前のコンピュータで難しい処理をするのではなく、サービス業者にデータ処理をいわば外注委託すればよいのだ。クラウド（雲）の向こうで処理を請け負うサービス業者は、インターネットのどこかで巧みな高速分散処理をおこない、ユーザーの要求に応えてくれるのである。ビッグデータはこのように、近年のＩＴ革新がもたらした精華に他ならないのだ。

激増するソーシャルデータ

ビッグデータ時代の主役は、ともかく「データ」である。ここが、二〇世紀のＩＴとの大きな違いといえるだろう。

私がコンピュータという専門分野に入ったのは半世紀近く昔のことだが、当時はコンピュータの記憶容量が小さく、処理速度も遅かった。この頃求められたのは何より、限られた量のデータを厳密かつ正確に論理処理することだった。だが今では、多少のノイズがあっても、ともかく桁違いに多量のデータをどんどん処理して問題を解決してしまおう、という粗っぽい(?)考え方に変わってきたわけである。

当然ながらこのとき、まず問われるのは、いったいどこから、いかにデータを取得してくるかだ。およそ昔は、途方もないスピードで大容量データをうみだす発生源など、それほど多くはなかった。いったい、何か大きな社会的変化が起きて、多量なデータを吐き出し続ける発生源が出現したのだろうか?――その通り。そして、あらたなデータ発生源の一つはまさに、「われわれ自身」なのである。

振り返ってみよう。二〇〇〇年代半ばすぎ、「ウェブ2・0」というバズワードが世の中を駆け抜けた。これは平たくいえば「誰でも発信できるウェブ」だと思ってさしつかえない。それ以前のウェブ1・0では、ウェブページは官庁や企業が制作する、専門的な内容のものがほとんどだった。つまり普通の一般人はもっぱら読む(受信)だけだったのである。ウェブページをつくる権利は皆に与えられたものの、HTML(HyperText Markup Language)言語で書く手間が面倒だったので、忙しい一般人には手が届きにくかったのだ。

一方、ウェブ2・0では事情は異なる。日記のようなブログだの、短文断章のミニブログだの、仲間内の噂話《うわさばなし》めいたSNS(Social Networking Service)だののサービスが出現し、これらによって、ごく気軽にウェブ上で発言することができる。本書の読者の中にも、ツイッターやフェイスブックの熱心なユーザーは少なくないだろう。こうして、われわれは互いに、一度も顔を見たことのない多様な人々の発言する意見に耳をかたむけ、交信することができるようになった。コミュニケーションの規模が一挙に拡大したのである。国内だけでも、今や発信者は数千万人にのぼるのだ。データ発信者数が多いので、ブログやSNSなどのソーシャルデータは間違いなくビッグデータの発信源になっている。

だが、それだけではない。

ここで、ウェブ2・0以降、情報検索サービスのあり方が抜本的に変わったことを想い出しておこう。ウェブ1・0時代は、データは主にテーマや分野別に分類され、それぞれのサイトのページに置かれていた。だから、細かく枝分かれしたポータル（玄関）サイト経由で、関連するページにアクセスすればよかった。だが、万人が発信する今、キーワードに関連するページはあちこちのサイトに散在している。日本語や英語で書かれた膨大な文章をすべて調べあげ、キーワードをふくむページを抽出収集してこなくてはならない。さて、ここで、キーワードを入力するやいなや、関連ページをたちまちリストアップするという離れ技サービスにより、アッと言う間にIT業界の雄に躍り出たのがあのグーグル社だったことは言うまでもないだろう。

逆にいえば、このことは、われわれ一般人が何を考え何を欲しているか、といった個人情報を、検索サービス提供側が、すみやかに把握できることでもある。個人にピンポイントの広告を届け、購買意欲をそそることもできる。つまり、人々の消費行動を分析してマーケティングに役立てる、というビッグデータのビジネスモデルが成立するわけだ。

という次第で、爆発的に増加するこういうソーシャルデータは、まちがいなく、ビッグデータの主要供給源の一つなのである。

もう一つポイントがある。今や万人が持ち歩いている携帯電話からは、様々なデータが自動発信される可能性がある。とくにスマホ（スマートフォン）は、かつてのメインフレーム・コンピュータに勝るとも劣らないほどの性能を誇っている。おまけにマイクやカメラ、時計、カレンダーなどの機能を備え、GPS（全地球測位システム）とも連動されているのだ。[1]だから、スマホの持ち主がツイッターで「……なう」と発信するまでもなく、適切なアプリケーションを用いると、持ち主がいつ、どこに居るのか、周囲の状況はどうなのか、などが自動的にネットに発信されることになるのである。

人々はスマホを使ってオンライン・ショッピングをしたり、お気に入りのレストランに行った印象をさっそくウェブに投稿したりすることもあるだろう。とすれば、持ち主の嗜好《しこう》にあわせて、ご本人がいま歩いている街の近くにある、しゃれたブティックやレストランのデータをそのスマホに届ける、という広告営業も可能になるわけだ。

つまり、「誰でも発信できるウェブ」とは、言いかえると、「誰の行動もすっかりビジネスに活用できるウェブ」ととらえることもできる。こうして、意識的にせよ、無意識的にせよ、われわれの消費生活の中身そのものが、ビッグデータの発信源になるのである。

モノのネットワーク――IoT

人々の消費生活がビッグデータの発信源になるということは、さまざまな意味をもっている。意識的にブログやツイッターなどで発言しなくても、無意識の行動の詳細をセンサーでとらえれば、それが有効なデータになるからだ。

たとえば、メガネのフレームのなかに小さなスクリーンやマイク、カメラなどを仕込んでおけば、持ち主の周囲の様子を自動的にネットに送信して、友人や家族に知らせることもできる。(2)そのほか、心電図や脈拍、血圧などのモバイル計測ツールと組み合わせれば、健康状態をモニタリングすることも可能だ。身体に付着したセンサーは、コンピュータ処理と組み合わさって、無意識のうちに、自分のライフ・ロギング(行動や生活の履歴)をとってくれるのである。高齢化社会をむかえて、こういうウェアラブル(着脱可能)なコンピュータのアプリケーションも、にわかに注目されつつある。

さて、これは人間の意識や心というより、「モノ(物体)」がセンサーを介して直接ネットとつながるということでもある。身体もある意味で「物質」であるからだ。こうして、人と人ではなく、モノとモノを結び、交信させる「モノのネットワーク」、いわゆる「IoT(Internet of Things)」が浮かび上がってくる。この言葉は、二〇一〇年代半ばから急に脚光を浴びるようになった。

さて、ＩｏＴは突然出現したものではない。以前から伏線がある。それは「組み込みプロセッサ」と、それを駆使した「ユビキタス・コンピューティング」に他ならない。

組み込みプロセッサというのは、機器にあらかじめ内蔵されたマイクロプロセッサのことである。マイクロプロセッサとは指先ほどの高密度な半導体集積回路で、小さなコンピュータそのものだ。それらは当然、パソコンやタブレット端末、スマホなどの心臓部分をなしているのだが、実はそれら身近な情報処理用のマイクロプロセッサは、生産されるマイクロプロセッサ全体のうち一割以下にすぎない。九割以上のマイクロプロセッサは、組み込みプロセッサとしてさまざまな機器の部品となり、われわれの目に直接ふれないところで、せっせと働いているのである。

たとえば、高級なクルマには、何十個もの組み込みプロセッサが活用されている。エンジンの回転速度や冷却効果をはじめ、高速安全な走行をたすける多様な制御機能は、複数の組み込みプロセッサによって並列におこなわれている。だから現代のクルマとはいわば、小型の複合コンピュータセンターのようなものなのである。

事情は家庭用電化製品でも変わらない。テレビや冷蔵庫、電子レンジや炊飯器など、周りにある身近な機器をたくみに制御しているのも、組み込みプロセッサなのだ。さらにガスや水道、電力など、社会的なインフラの運用に、膨大な組み込みプロセッサが多用されていることは、もはや言うまでもない。

これらたくさんの組み込みプロセッサ同士は、機器のなかで互いに連結され、必要におうじて交信しあいながら作動している。ただし従来それらは、基本的に、組み込まれた機器やシステムごとに、単体で独立に機能してきたわけである。

さて、一九九〇年代あたりから、こういった組み込みプロセッサのシステムに各種のセンサーをつなげば、クルマなど単体の機器だけでなく、いわば生活の環境全体を最適に制御できるのではないか、という考え方が登場してきた。これが「ユビキタス（ubiquitous）・コンピューティング」である。ユビキタスとは「遍在（どこにでもある）」という意味だ。平たくいえば、家のあちこち、たとえば天井や壁、床、風呂、玄関などに組み込みプロセッサが埋まっていて、それらが自動的に互いに交信しあいながら便利な生活を支援する、といったイメージを想像すればいいだろう。

二〇〇〇年代後半には、このユビキタス・コンピューティングの話題でIT業界は大いに盛り上がった。総務省が音頭をとり、「二〇一〇年には、いつでも、どこでも、誰でも、何でもつながるユビキタスネット社会を実現する」という「u-Japan政策」が推進されたのである。帰宅すると、いつのまにか冷暖房がはいって快適な室温になっており、風呂も沸いている、といったユビキタス・ホームも随分宣伝されたものだ。

残念ながらユビキタス・ホームはそれほど広がらなかった。まあ、エアコンや風呂のスイッチを入れるくらい大した手間ではないし、すぐ寿命がくるセンサーをはじめ、システムの維持管理はなかなか厄介である。つまり、家庭生活におけるユビキタス需要は小さかったということだろう。しかし、工場や病院、デパートなどでは、ＲＦＩＤ（Radio Frequency Identification）というＩＣタグ（電子荷札）のセンサーを活用した自動化は、相当の成功をおさめた。そういう公的な場所では、きちんとシステムの維持管理をする担当者がいるので、ユビキタス・コンピューティングが省力化やサービス効率向上を達成できるのである。[3]

ＩｏＴとは、この組み込みプロセッサとユビキタス・コンピューティングの技術を、いっそうオープンかつ大規模にしたものだといっても過言ではない。具体的には、モノのネットワークがインターネットに統合的に結ばれるわけである。地球上の無数のモノに付加されたセンサーからのデータが収集され、世界中のサーバで分散処理される、といった未来図が浮かんでくるわけだ。[4]

だが、そうなるとデータの量はまさに天文学的である。

地球上の人口が八〇億として各人がスマホやパソコンを持っても、せいぜい端末総数は二〇〇億くらいだが、われわれの周囲をとりまく機器中の組み込みプロセッサとなると、その総数は軽く兆を超えるだろう。そこから時々刻々ストリーム・データが入ってくるのだ。

これを「ビッグデータ」と呼ばなければ、いったい何だというのか……。

1・2　富とセキュリティ

データが富の源泉

ビッグデータとはどんなものか、前節でおよそ分かって頂けただろう。だが、ここでいったん立ち止まり、頭を冷やして考えてみなくてはならない。

世の中にやたらに大量のデータがあふれ出して来た、という状況は分かる。データの特徴が3Vつまり、量（Volume）、多様性（Variety）、速度（Velocity）であることも腑《ふ》に落ちた。とはいえ、ただデータを集めただけでは、かえって無用の長物、エネルギーの浪費ではないだろうか。

いったいビッグデータで何が嬉《うれ》しいのか？――その回答として強調したいのは、「データが富をうむ」という発想の出現である。

日本だけでなく、多くの経済先進国はもはや、以前ほどの経済成長率が見込めない。その一方、増加し続ける社会保障費のために苦しんでいる。これを賄うために増税すれば、国家財政は健全になるものの、景気が悪くなって逆効果をうむかもしれない。もっとも望ましいのは、技術革新によって斬新な商品やサービスをうみだし、経済活動そのものを活性化することなのだ。

従来は社会や自然のなかに埋没していた情報を、コンピュータで処理できるデータとして抽出し、分析統合することで、もし、あらたな経済価値が誕生するなら、活路がひらけるのではないか。つまり、われわれの周囲のさまざまな対象の「データフィケーション（データ化）」により経済効果が期待できる、という理屈である。

ポイントは、ビッグデータの利用で、われわれの生活をめぐる生産と消費のあり方が変化するということだ。具体的には、人々の個別の細かい好みにおうじた新たな消費需要を、ビッグデータの分析が掘りおこす可能性がうまれるのである。

開発途上国であれば、平凡な規格品でも日常生活での需要は大きい。家電品でもクルマでも、大量生産の商品をテレビで宣伝すれば、人々に大量消費されて経済はどんどん発展する。だが、ひとまず生活用品が行きわたった先進国ではそうはいかない。個人の好みをふまえた、多様なカスタムメイドの商品やサービスでなければ、消費活動はとどこおってしまう。こうして、個人向けのターゲティング広告をはじめ、ピンポイントにしぼったマーケティング戦略が不可欠となってくる。

グーグル社の検索サービスにともなう広告宣伝活動が、こういう社会状況とみごとに合致していたことは言うまでもないだろう。テレビのコマーシャルで商品イメージを一般大衆向けにバラまくのではなく、入力された検索ワードから消費者の興味を絞りこみ、検索画面上に限られた商品の情報を示すことで、はるかに効率のよい広告宣伝活動が可能になるのだ。

ビッグデータによって、こういう「個人向けマーケティング」をさらに徹底することができる。ある人が、どんな所に住み、どういう仕事をして、どんな本を読み、いかなる趣味をもっているか、どんな悩みをもっているか、などを的確に分析できれば、それに応じて、選んだ商品やサービスの紹介をすればよい。日常、スマホやパソコンを手放せないわれわれの活動履歴は、インターネットのなかにしっかり埋めこまれているのだから。

それだけではない。個人の交友関係や家族構成が交信記録でわかれば、さらに芋づる式に、関連する人々の活動履歴も探りだせる。これは人脈ならぬ貴重な「金脈」だ。それらすべてをマーケティング用データとして採掘（マイニング）することが、ビッグデータによる消費需要の喚起につながるのである。

いま一つ、肝心なことがある。ビッグデータは、消費だけでなく、先進国の生産活動をも変えると期待されているという点だ。

生産活動の中には、ＩＴを駆使したスマート農業も含まれてくるだろう。いっそう間近な典型例としてすぐ思いつくのは「インダストリー４・０」である。この言葉は「第四次産業革命」を表すとのことで、かなり大袈裟《おおげさ》なネーミングだが、二〇一〇年代にはいって以降、ドイツが国策としてつよく推進している。

端的には、インダストリー４・０がめざすのは「スマート工場」といっていい。コンピュータやロボットが知的な処理をしてくれる、「頭のよい工場」ということである。対比されるのは、たくさんの労働者たちが生産ラインにはりつき、単純作業で規格品を大量生産していく従来の「頭の悪い（？）工場」である。

スマート工場の技術的な核心は、右にのべたモノのネットワークIoTと、次章でのべる人工知能だ。工業製品の各種部品と、これをつくる製作機械が、ICタグのセンサーを介してインターネットにつながり、たがいに無線で交信しあう。工場内外の部品の調達や配送など、物流も自動化される。コンピュータが、生産ラインを流れる半製品と時々刻々データを交換しながら、必要な部品を調達し、設計仕様にもとづいて部品をテキパキと組み立てていく。当然ながら、組み立て作業を実行するのもロボットであり、人間ではない。

インダストリー4・0以後の工場においては、主役は詳細緻密なデータ処理をこなすコンピュータと、その制御のもとにあるロボット群であり、そこに単純作業をおこなう労働者などほとんどいないのだ。

そうして出来上がってくる製品は、これまでのような規格品ばかりではない。クルマにせよ、高級家電製品にせよ、先進国の消費者の個人的な好みにあわせた多品種少量生産のカスタムメイド製品なのである。

こういった技術革新による産業の構造変化をめざしているのは、ドイツだけでなく、EU（欧州連合）諸国、そして米国も同様である。そこには共通の事情がある。欧米、そして日本もふくむ経済的な先進国は、二〇世紀末からいわゆる産業空洞化に悩まされてきた。国内の労賃が高いので、大量生産される規格品の価格競争では、新興の開発途上国にとても太刀《た ち》打《う》ちできない。そこで生産拠点を労賃の安い開発途上国にうつしたのだが、これは技術ノウハウの流出や国内の雇用不安や失業率増大、さらには経済格差の拡大を招いてしまった。製造業を国内に戻すことが、特効薬だと見なされているのである。

工場内に人間がいないのでは、労働者はいらないのだから、雇用不安は解消されないという反論が出てくるかもしれない。なるほど、そういう面はある。

だが、労働の質が変わってくるだけで、製造業に多くの人手が必要なことは確かなのだ。現場の単純作業は不要になっても、製品設計をはじめ、工程管理やロボット保守の仕事もある。何より、データを扱うコンピュータのハード／ソフトの開発維持の手間ははるかに増える。インダストリー4・0といっても、なかなか完全な自動化というわけにはいかない。高度な製品をつくるスマート工場の運営とは、実は人間の高度な知的労働をたくさん要するのである。

安全な社会ができる

ビッグデータは社会の富を増すだけではない。人々の暮らしのなかでもっとも大切な、社会的安全性（セキュリティ）を高めると期待されているのである。

日本にかぎらず、多くの先進国では、二〇世紀につくられた社会インフラがそろそろ老朽化してきた。橋やトンネル、ダムなどが典型例だが、都会の下水や送電設備なども同様である。むろん、定期的な点検はおこなっているはずだが、何しろ量がむやみに多いので、目視などに頼る人間のチェックだけでは大事故につながりかねない。

こういう大問題に対して、ビッグデータによる分析や予測は活路を開くだろう。次の例はよく知られているものである。

米国ニューヨーク市では毎年、数百もの電力用マンホールが内部で引火して、爆発事故を起こしていた。爆発すれば重い鉄の蓋がものすごい勢いで吹き飛ばされるので、危険きわまりない。だが、同市の電力ケーブルの総延長は地球三周分以上であり、さらにマンホールの総数はマンハッタンだけで五万をこえるので、危険箇所の特定は容易ではない。そこで、電力ケーブルの使用年数と、過去に爆発事故を起こしたマンホールの位置情報とを関連づけ、コンピュータで分析した。そして危険箇所のリストを作ったところ、リストにあげられた多くのマンホールでその後、現実に爆発事故が起きたのである。つまり、ビッグデータ分析の結果、かなりの確度で、危険なマンホールを予測することに成功したというわけだ(5)。

これは既存データの分析によって危険箇所を特定するという例だが、さらに積極的な事故回避の方法も考えられる。

つまり、より詳しいリアルタイムのデータを取得して、IoTシステムを構築するわけだ。もし古い橋やトンネルなどの各部分の現時点の状態を、張り巡らせたセンサー網から常時ネットに送信し、コンピュータで分析していればどうだろうか。故障が起こりそうな箇所を事前に予測する可能性は飛躍的に向上するだろう。

老朽インフラの保守ばかりではない。地震、津波、ゲリラ豪雨、洪水、火山噴火など、突然襲ってくる自然災害の脅威から人々をどう守るかは、社会のセキュリティを担当する行政当局の最大の重要課題のひとつである。このためのビッグデータの活用は、まちがいなく、今後の政府・地方自治体にとって欠かせない仕事になってくるはずだ。

むろん以前から、自然災害に対しては、専門機関による予測とともに、テレビやラジオをつうじた避難勧告をはじめ、種々の対策がとられてきた。だが今後はさらに、諸々の観測データを統合的に処理し、同時に人々の位置情報をも把握することで、より高度できめ細かな対策が可能になる。たとえば、いったん災害が起きたとき、各地域に分散した住民はいつ、どこに避難すればよいだろうか。詳細な地図データとリアルタイムの観測データをもとに、あちこちの住民のモバイル機器に指示を送り、それぞれ最適な避難経路に誘導していく、などの措置をとることも可能になるだろう。

地震や津波などの自然災害を防ぐことは、神ならぬわれわれには不可能というものだ。だが、ゲリラ豪雨や河川氾濫《はんらん》などを考えると、それらが地球温暖化や森林破壊をはじめ、人為的な誘因と関連していることを忘れてはならない。これは文明化のツケともいえる。より直接的には、放射性廃棄物だけでなく、各種の工場廃棄物やクルマの排気ガスによる大気汚染や水質汚染、土壌汚染を何とかしなくてはならない。

これらについては、われわれが目先の利害にとらわれず長期的視野を持てば、明らかに状況は好転するだろう。ビッグデータ分析により効果的な改善と危険防止を見込むことができるはずだ。グローバルな産業化と経済発展にともない、地球環境は急速に劣化しつつある。

ここ数年、北極の氷がとけて海面も上昇し、北半球の気候変動はかなり異常になってきた。進みゆく地球環境劣化というマイナス面をいかに減らしていくか、ビッグデータを応用したノウハウの研究開発と対策は、われわれ先進国の住民の責務ではないだろうか。

地球環境保護と関連するビッグデータ応用分野は、各種の資源の有効活用と深く関わっている。石油、石炭、天然ガス、さまざまな金属鉱石も、ゆくゆくは尽きてしまう。それだけではない。われわれが生きていくために欠かせない淡水が近々足りなくなる、という声をよく聞く。今でもすでに、地球上の人口の約三分の一は慢性的に生活水の不足に悩まされているそうだ。日本は幸い水資源に恵まれているものの、輸入食料に頼っている以上、水不足は他人事《ひとごと》ではない。

保水用の森林資源は大丈夫なのか。GDP（国内総生産）のことを考えているだけでは、安心して生きていけないのである。

個人の安心感を増す

ここで大事な点を押さえておきたい。環境保護や資源の有効活用は、行政当局や企業だけでなく、究極的にはわれわれの日常的努力にもかかっているということだ。

つまり、ビッグデータを活用して、社会の安全を保ち、快適な生活環境をつくりあげていくのは、行政をになうお上だけの仕事ではない。一般人の仕事でもあるのだ。あえて言えば、われわれ一人一人が有益なデータの形成に参加することが、ビッグデータ活用の鍵をにぎるともいえる。

たとえば、交通問題を考えてみよう。

大都市の交通渋滞が解消されれば、石油使用量の節約になるし、排気ガスによる大気汚染も抑制できる。これまで、大都市の交通状況を刻々と把握し、ドライバーに交通渋滞を回避するよう助言するには、上空をヘリコプターで旋回して、混雑状況を見下ろすレポーターに頼る方法が主なものだった。だが、今後はビッグデータとセンサーを用いて、より効率のよい手段をとることができる。

一つの方法は、道路にセンサーを埋め込んで交通量を測るというものだ。すでに米国カリフォルニアでは、こうした方法で高速道路の状況を把握し、その分析結果は一般に公開されている(6)。ただし、これは費用がかさむので、すべての道路に適用するのは難しいだろう。

もっと手軽な方法として、走行しているたくさんのクルマのGPS付きカーナビやドライバーのスマホから、データを収集することが考えられる。運転中のクルマの位置情報と、より広域的な道路状況とを組み合わせれば、個々のドライバーにとって、事故などによる渋滞を回避し最適なルートを選択する可能性がひらけるわけだ。このような方法を「参加型センシング」と呼ぶ。

もはや、行政当局や民間企業が一方的にセンサーを設置し、ビッグデータを分析利用して一般人にサービスを提供するのではない。サービス受容者つまり消費者が、積極的にセンサー・データをみずから提供し、ビッグデータの活用に参加するのである。

交通問題だけではない。電力にせよ、水道水にせよ、無駄な消費を減らしていくためには、住民の主体的な取り組みが欠かせないといえる。住民の利便性向上とともに、環境保護や省エネルギーをめざす「スマートシティ(頭のよい都市)」を実現するためには、われわれ一般人にもビッグデータの活用にとりくむ相応の努力がもとめられるのである。

このことは、ビッグデータ時代の住民あるいは市民のありかたを示唆せずにはいない。つまり端的には、われわれ一般人が、一種の「コミュニティ(共同体)」のメンバーであるという意識をもつことが望ましいのである。そして実はこれは次にのべるように、社会インフラだけでなく医療や健康といった身近なテーマとも関連していく。

個人レベルのビッグデータ活用の典型例として、よく健康増進や疾病予防が話題となる。生活する上でわれわれの安心感をますために、健康がテーマとなるのは当然のことだ。今でも、一日にどれだけ歩いたかを計測する万歩計を腰につけている人は多い。そしてビッグデータ時代には、スマホだけでなく各種のウェアラブル端末を介して、日常生活を送りながら、歩数はおろか、血圧、脈拍、消費カロリー、睡眠状態、さらには脳波までも計測することが可能になるのである。これらのデータを定期的に医療機関に送信して、医師から助言をもらうこともできるはずだ。自分の身体の状態を自動的にとらえられるなら、たしかに習慣病の予防にも有効だろう。一種の遠隔医療といえるかもしれない。

ただし、健康というのは、個人が自分の体調だけ気遣っていれば守れるというものではない。ノロウィルス胃腸炎にせよ、インフルエンザにせよ、伝染病がある地域で広まれば、いやでも周辺の住民はその影響をうけることになる。

すでに医療機関では、患者の受診記録をもとに、こうした伝染病の情報がインターネットを通じてかなり共有されているようだ。けれども、治療にくわえて予防の効果をあげるためには、それでは足りない。多くの住民が、たとえ軽くても伝染病の徴候をしめすデータを提供しあい、ビッグデータ分析の結果をふまえて行動することが有効なはずである。孤独な都市住民という見慣れた光景は、ビッグデータ時代には必ずしもあてはまらないのである。

さらに一歩すすむと、一つの地域で同じ病気にくるしむ人々が患者同士のネットワークをつくり、ビッグデータ分析結果をもとに連絡しあうことも不可能ではない。日本では米国とちがって医療機関の広告宣伝は多くないようだ。これは医師の良心でもあるが、患者からすると不便でもある。どの病院に行き、どの医師の診断をうければよいか、情報不足で迷うことになるからだ。高齢化社会では、口コミによる患者のネットワークも捨てたものではないのではないか。

むろん、口コミがすべて信頼できるわけではないだろう。匿名の口コミなら、なかに悪意ある発言や、サクラの発言が混じっている恐れも十分ある。医療問題は生死にかかわるから、警戒をおこたることはできない。とはいえ、ネットワーク社会で生きる人々は、マスコミによる宣伝より口コミのほうを信頼するという傾向があるようだ。

1・3　超えるべき壁

心配されるプライバシー

ビッグデータによってどんなプラス効果がもたらされるかを、前節でおおまかに眺めてみた。ビッグデータの啓蒙書は、これらのプラス効果を紹介したのち、実現のための技術課題とビジネス動向について詳述してハイ終わり、というのが定番である。

しかし本書では、そのかわりに、ビッグデータのマイナス面にも注目したい。本節では以下、克服すべき幾つかの問題点を明らかにする。なぜなら、そういう問題点についての考察をキチンとくわえないかぎり、いくらビッグデータを喧伝《けんでん》して経済成長をもくろんだところで、結局は失敗におわってしまうからだ。

マイナス面として誰もが指摘するのは「プライバシー」である。何しろ、日常のわれわれの行動記録がことごとく記録され、分析されてしまうのだから、これは当然の心配事である。秘密警察が市民の行動をじっと見張っていて不審者をすぐに逮捕する、というのは古典的な恐怖国家のイメージだが、むろんビッグデータ分析がそんなものと直結するわけではない。とはいえ、技術的には、こういった可能性も十分ひらかれるのだから不気味だ。

まず身近な例としてあげられるのは、前述の個人向けマーケティングとの深い関連性である。企業は、ビッグデータを利用して、顧客が求めている商品を売りこもうとする。さらに、顧客の趣味や興味を分析して、消費の欲望をかきたてていく。

たとえば、オンライン・ショッピングで書籍を買うと、ネット端末の画面上に「お勧めの本の一覧」が表示されることがある。これらは、自分と似た読書傾向をもつ人たちが購買した本に他ならない。以前に買った本がすべてデータベースに記録されているから、こういう処理ができるのである。「協調フィルタリング」と呼ばれるこの手法は、すでにひろく使われているものだ。おかげで良い本に出会う機会がふえるという長所はあるだろう。だが、好きな本の分析がどこかで思想調査に流用されるかもしれないと警告されると、あながち便利だと喜んでばかりもいられない。

ビッグデータを徹底的に利用すると、われわれの私生活は細部まですべて丸裸にされてしまう。どんな料理が好きかとか、どんな服を着たいとか、どんなところに旅行するかとかいった事柄だけではない。誰と交際しているか、誰と対立しているか、家庭で最近どんな事件が起こったのかさえお見通しだ。先日、友人が「親が死んだらすぐに、お墓の宣伝がメールで届いた」と苦笑していた。

つまらない売り込みはまあ、無視すればいい。だが、金融機関や保険会社が、自社の利益のためにビッグデータをこっそり用いるとしたらどうか。銀行やクレジットカード会社は、相手の顧客を信頼できるかどうか正確に見つもりたいのである。そのために、ある人物のこれまでのあらゆる取引履歴を詳細に調べ上げ、そのデータにもとづいて、取引に応じるかどうか審査することになるかもしれない。これは当然だという意見もあるが、はるか昔におかした小さな過ちがいつまでも尾を引くことにもなるだろう。

また、生命保険会社は、ある人物が現在どんな健康状態であるかだけでなく、どのような生活習慣をもっているかを詳細に調べ上げ、データにもとづく寿命予測をおこなって保険料率を決定することになるかもしれない。喫煙や飲酒の習慣はまあ仕方ないとしよう。だが、平均睡眠時間や、食べ物の好き嫌い、さらにクルマを運転するか、健康によいスポーツをしているか、などまでチェック項目に加わってしまうなら、ちょっと首をかしげたくなる。

さらに、DNA遺伝子という個人情報が利用されるなら、これはもう大きな問題だ。発病には遺伝的要素もおおきいから、DNA遺伝子の個人差が寿命に与える影響は無視できない。

だが、そのデータをもとに保険料率が計算されるなら、表向き健康にくらしている二人の同年齢の人物が、若いときから全然ちがう保険料を払わなくてはならないことになる。だがそもそも保険とは、未来に何があるか分からないという平等な前提のもとに、コトが起きたら互いに助けあうという精神からうまれたものではなかったか。

以上のようにビッグデータ活用は、下手《へた》をすると、われわれ一人一人がいったいどういう存在なのかを、ガチガチに規定してしまう恐れがある。すると自由が失われるだろう。プライバシーとは本来、根源的な自由を守るためのものだ。

こういった指摘にたいして、「匿名化」および「告知・同意」という手段をとれば大丈夫だという反論が出てくるかもしれない。

ビッグデータは集団的な傾向をはかるためのもので、個人のプロファイリング（人物特性描写）のためのものではないとすれば、たしかに匿名化は有益な保護手段だろう。実際、氏名や住所を削除したり、画像にわざとノイズを混入させて顔をぼかしたりする方法で、個人識別をむずかしくする技術は工夫されているようだ。これは望ましいことだが、万能ではない。というのは、従来のような単一目的のファイルならそれでプライバシーは守れるとしても、ビッグデータ分析の特徴は多数のファイルを複合的に組み合わせて処理する点にあるからだ。検索語句の関係や他のファイルのデータとの突き合わせによって、個人が特定されてしまうことは珍しくない。身元を秘密にしたかった人が憤慨し、関係者の処分や訴訟にまでいたったケースさえもある(7)。

告知と同意という手段の効果は、いっそう限定されたものだ。データ収集の際には、回答者にその利用目的を説明し、あらかじめ同意をえる、というのが基本的なプライバシー保護の考え方である。二〇〇五年から施行されている個人情報保護法においても、取扱事業者が第三者に個人情報を提供するときは、その内容を本人に知らせて同意をとることになっている。もし誤っていれば訂正の義務があるし、本人が求めれば提供を停止しなくてはならない。とはいえ現実には、たくさんの人々にいちいち告知／同意の手続きをとるのは煩雑なので、ネットで公開しておくだけだ（それで本人に通知したことになる）。自分の個人情報がどのように利用されているか、実際に熟知している人は少ないだろう。

さらに、「データの二次利用」という問題がある。およそ、ビッグデータ分析の最大の魅力は、当初の使用目的とは異なるさまざまな角度からデータを眺めることで、思いがけない発見がえられるということに他ならない。告知と同意という手段にとらわれるかぎり、データの二次利用への道は決定的に閉ざされてしまう。

要するに、匿名化や告知・同意という素朴な手段だけでは不十分なのだ。それだけではない。プライバシーについてはより困った問題がある。それは防犯と治安だ。

すでに述べたように、社会や個人のセキュリティを向上させる、というのはビッグデータ活用の大きな目的である。となると、プロファイリングによって個人を特定するという処理が不可欠になってくる場合もある。たとえば徘徊癖《はいかいへき》のある認知症高齢者を保護するには、ビッグデータから本人の特性をもとに探索を絞りこんでいかなくてはならない。

いっそう深刻な矛盾をはらむのは、犯罪防止のために、その恐れのある人物を警察や治安当局がマークする、という場合である。このとき、ビッグデータ活用によるプロファイリングは、果たして許されるのか、それとも許されないことなのか。

性犯罪や窃盗《せっとう》、麻薬常習などの犯罪は、再犯率が高いという。だから欧米では、凶悪な性犯罪をおかした前歴人物はＧＰＳ（全地球測位システム）で行動をつねに監視されていることが多い。また、顔写真や個人情報もネットで公開されているのだ。[8] ビッグデータを用いれば、再犯を未然に防止する処置の精度向上が期待される。社会のセキュリティという大義名分のもとで、匿名化だの告知・同意だのは吹き飛んでしまうのである。

むろん、こういった処置が基本的人権をおかすという批判は出てくるはずだ。監視するより、前歴者が再犯をおかさないようにする教育に力を注ぐべきだという議論もある。だが、かつての女子高校生コンクリート詰め殺人事件[9]や神戸連続児童殺傷事件[10]を想い出すまでもなく、何の落ち度もない弱者を残虐な犯罪者から守ってほしいという要望は、一般の人々のあいだで非常につよい。

性犯罪者だけでなく、テロリストの脅威も二一世紀にはけっして無視できないはずだ。テロは欧米だけの話ではない。経済のグローバル化にともなって、この国にもさまざまな人々が住むようになってきた。何も罪をおかしていないのに疑わしいデータ特性をもつという理由だけで逮捕拘束するのは不当だが、一方、悲惨なテロを封じ込めることは治安当局の義務である。いったい、ビッグデータを活用して、テロをおかす可能性のある人物をあらかじめマークし対策をとることは、どこまで正当性をもつのだろうか。

基本的人権と社会的安全の両立は、ビッグデータとプライバシーをめぐる最大の課題といえる。これについては第四章でまた述べることにしよう。

全件処理は万能か

3Vつまり、量の大きさ（Volume）、多様なこと（Variety）、生成速度のはやさ（Velocity）がビッグデータの特徴であることはすでにのべた。だが、そういう扱いづらいデータ群を、いったいどのように処理し、分析するのだろうか。そこをキチンと明確にしないかぎり、前節でのべたプラス効果が本当に得られるのかどうかは、怪しくなってしまう。

昔からデータ分析はおこなわれてきた。とくに二〇世紀には、理論をデータによって検証するという考え方が知的活動の主流になったのである。だが、いま注目されているビッグデータ分析処理は、従来のやりかたとはかなり異なる特徴がある。おもな特徴としてしばしばあげられるのは、次の三点だ。

第一は「全件処理」である。これは従来の方法、つまり、たくさんのデータから限られた少数のサンプル（標本）を抜きとり、それらを分析してデータ全体の傾向を推し量るという方法とは大きく違う点といえる。たとえば、ある工場で、設置されたたくさんの製造機械が山のように部品をつくっているとしよう。製造機械はせっせと稼働し、毎分十数個の完成部品が流れるように出てくるのだが、出荷前にそれらの品質を確認しなくてはならない。そのとき、全部の完成部品について誤りなく作動するかどうかテストするのはあまりに作業が大変すぎる。そこでごく一部を抜き取り、それらのサンプルについて機能や性能を詳しくテストするのが、従来の品質管理の方法だった。

これは直感的には危険なやり方である。たとえ少数のサンプル部品は正しく作動しても、残りの部品の品質は保証されるわけではない。一万個の部品中、数十個のサンプルを調べただけで全《すべ》ての部品を出荷すれば、下手をすると、中に数千個の不良部品が紛れこんでいる恐れもある。だが、実はそれほど危険でもないのだ。そういう危険を回避するために「ランダム・サンプリング（無作為抽出）」に代表されるさまざまな手法が理論的に検討されてきた。

簡単にいえば、サンプリングをおこなうとき、部品の品質に影響するさまざまな要因（何日の何時に、どの製造機械によって、どの作業員が機械操作したのか、などなど）について、偏りが無いように工夫するのである。たとえば、ある一つの製造機械のつくった部品だけ調べても、残りの製造機械のつくった部品の品質はわからないので、どの製造機械からもまんべんなくサンプルを抜きとるというわけだ。ここで、品質をしめす数値が「正規分布にしたがう」という数学的な性質をもつと仮定すれば、一定数のサンプルの分析によって、完成部品全体（いわゆる母集団）の品質をかなり正確に推定することができる。そして幸いなことに、多くの場合、この仮定が成立することが知られている。

品質管理だけでなく、疫学でも農作物の分析でも、膨大な母集団の中から少数のサンプルを取りだし、いかに全体の特性を推定するかという学問は、「推測統計学（inferential statistics）」とよばれ、一〇〇年くらい前から精密な研究がなされてきた。実は私は学生時代、品質管理の日本の権威と言われる教授の研究室に所属して、毎日毎日、難解な数式と格闘していた。だから、応用の事情も多少知っているのだが、工業、農業、医療などの分野で、推測統計学にもとづく処理が一定の社会的な成果実績をつみあげてきたことは間違いないのである。

ところが、ビッグデータはこういったアプローチに反旗をひるがえす。サンプルでなく、ともかく全件のデータを調べようというのだ。製造機械や部品にセンサーをつけ、流れるようにつくられていく全部品のデータを時々刻々、無線で細かく取得し、リアルタイムでコンピュータ処理による集計分析を実行しながら品質管理をする、といったイメージである。

ここで、「質より量」というビッグデータ分析の第二の特徴があらわれる。

センサーは山のようにあるので、その一部は壊れたり、測定精度が低下したりしている可能性は高い。つまりデータの質は落ちる。だが、そういうデータは「ノイズ（雑音）」であり、誤差として無視しても、全体的な特性は全件処理によって正確にわかる、というのがビッグデータ分析の基本的な考え方なのである。

このことは、製品の品質管理よりも、ツイッターの分析といった例をあげたほうがわかりやすい。ツイッターで刻々と発生する膨大な発言ひとつひとつの内容を、きちんと論理的に分析するのは至難の業である。だがそれらを山のように集めれば、多少のブレは相殺され、全体の傾向があぶり出されてくる。

たとえば、ある政治的なテーマについて世論の動向を調べたいとしよう。従来ならアンケート項目を準備し、無作為抽出した一〇〇〇人くらいに対し、政策への賛成反対を電話で尋ねる、といった方法がとられた。だが、ビッグデータ分析では、大量のツイッター発言をまるごと自然言語処理プログラムで分析し、キーワードなどを抽出して、集団的なおよその特性を探りだそうとするのである。ツイッター発言には俗語表現や文法的誤りも少なくないが、そんな乱雑データはノイズであり、無視してよいというわけだ。つまり、ここには、データの質が多少悪くても大量処理によって正確性がます、という強い信念があるのである。

なるほど、興味深いアプローチなのは確かだ。コンピュータの処理速度や記憶能力がおおきく伸長した近年の技術的成果を上手に利用している。推測統計学が登場する前に、母集団の特性をまるごと分析する「記述統計学（descriptive statistics）」というのがあったが、データ件数が大きくなると事実上は分析不可能であり、そこで推測統計学が出現した。だから、高性能コンピュータを使える時代が来て、ふたたび記述統計学に戻ったという見方もできるかもしれない。

とはいえ、である。データの質が悪くても、ともかく量をこなせば正確な分析ができる、という考え方は少々乱暴すぎないだろうか。確かにそういう場合もあるだろうが、データの質があまりに悪ければ、分析結果の信頼度は落ちる。たとえば、ツイッター発言の分析で否定辞の扱いを間違えると、まるで逆の結果が出る恐れもある。推測統計学にもとづくアンケート調査では、そのあたりについて緻密な理論研究がなされてきた。ビッグデータ分析についても、ノイズの影響をどこまで見積もるべきか、などについて統計学的な理論研究を積み重ねるべきだという意見が出てきても不思議はない。

さらに、データを全件調べるというが、本当にそんなことが可能なのか、という常識的な疑いもぬぐいがたいのである。

多くの場合、データ分析の目的が、未来の出来事の予測なのはご承知の通りだ。明日の天気だの、火山の噴火だのを予測するといったことである。しかし、当然ながら未来の出来事のデータは存在しない。つまり過去に集積したデータから推測するほかはないのである。したがって、予測問題はどうしても推測統計学の領域に入りこんでしまわざるをえない。要するに、ビッグデータの全件処理といっても厳密には、ただサンプル数が増加しただけではないか、という冷めた議論があらわれるわけである。

予測の問題はさておいても、超大規模データに対してそもそも全件処理など技術的に可能なのか、という疑問も無いではない。いくらコンピュータが高性能といっても、無限の処理能力をもっているわけではないし、コストもかかる。ゆえに、あまりにデータ量がふえれば全件処理は現実味をうしなうのだ。そして、この疑問は、次にのべる第三の特徴とふかく関連している。

相関分析だけでよいのか

ビッグデータ分析の第三の特徴とは、「因果から相関へ」だ。

因果関係とは、これこれの原因でしかじかの結果がえられる、ということに他ならない。雨が多かったので水たまりがふえ、蚊が大量発生してマラリアが流行した、などである。人間のもっともベーシックな論理的思考がこの因果関係分析であり、近代の知の王道である。とくに自然科学者は、何とか因果関係のモデルにもとづいて不思議な現象を説明しようと、日夜努力しているのである。

ところが、ビッグデータ分析では、そんな面倒なことはやめ、コンピュータで自動的に相関関係を調べればよいという考え方がもてはやされているのだ。

相関関係というのは、Aのデータとのデータとの統計的な関連性を示すものである。たとえば、ある大学の男子学生たちについて、身長と体重のデータを調べたとしよう。背の高いヤセっぽちもいるし、背の低いデブちゃんもいるが、だいたいの傾向として身長が高い学生は体重も重いとすると、身長と体重のあいだには正の相関がある。有名な例では、身長と腕の長さのあいだにははっきり相関関係があるらしい。だが、身長とＩＱ（知能指数）のあいだには、たぶん明確な相関関係はないだろう。

この相関関係を利用するといろいろ役に立つ。紳士洋品店の店内カメラの映像データから、顧客の身長がおよそどのくらいか分析できれば、裄がどれほどのジャケットやＹシャツを品《しな》揃《ぞろ》えしておけばよいか予測がつく。だが、いくら女社長のお気に入りが背の高い男性だとしても、入社試験で身長を重んじれば、頭のきれる社員を採用できる保証はない。

さて、身長と腕の長さの相関関係くらいは常識でわかる。だが、ビッグデータ分析の魅力は、常識をこえた相関関係を発見することで、有効な行動をとれるということなのだ。たとえば米国の有名なエピソードをあげると、「咳止め薬《せきどめ》」や「解熱剤」といったキーワードによるウェブ検索頻度をしらべると、どんな地域でインフルエンザが流行しているか特定できるのである。グーグル社は、検索キーワードの使用頻度とインフルエンザ感染の時間的・空間的な広がりの相関関係を分析して、米国の公衆衛生当局よりも早く、インフルエンザ流行の予測に成功した[11]。

検索キーワードと流行病との相関関係という発想は、たやすく思いつくものではない。ここから、コンピュータの腕力にまかせて、手当たり次第にさまざまなデータのあいだの相関をとってみれば、必ず何か新たな発見があるに違いない、という発想が出てくる。高性能コンピュータと予算さえ獲得すれば、論文大量生産まちがいなし、という虫のよいもくろみである。

だが、そうは問屋がおろさない。データの種類や件数がふえるにしたがって、その組み合わせ数は天文学的に増加していく。検索キーワードとインフルエンザ流行の相関分析にしても、グーグルの研究チームは四億五〇〇〇万にものぼる膨大な数式モデルを使って分析作業をおこなったという。およそ、データの相互関係というのは複雑である。よく似た購買傾向の別人の購買歴をもとに顧客へお勧めの品を選びだす前述の「協調フィルタリング」にしても、対象者が一万人なら約五〇〇〇万、一〇万人なら約五〇億通りの組み合わせについて相関をとらなくてはならない。さらにこの組み合わせ数は、たった二人のあいだの相関関係である。もし、もっとも関連の深い四人ずつのグループを見出《みいだ》そうとして分析作業をすれば、対象者が一万人でもその組み合わせ数は約四〇〇兆通りにおよぶ。

なるほど、ビッグデータ分析では、ともかく異種データ相互の相関関係を分析することが重要なのだろう。とはいえ、それらのデータは総件数が多いだけでなく、組み合わせ方も複雑多岐にわたる。片端からシラミ潰しに組み合わせていくなら、そのコンピュータ計算量は想像をはるかに超えたものになるはずだ。

さらに、「因果より相関」というアプローチには、計算量だけでなく、いっそう本質的な問題点がひそんでいる。

およそ、「相関関係さえ見つかればいいんだ、結果がわかれば理由なんていらない」という反知性的なキャッチフレーズにたいし、違和感をもつ人は少なくないだろう。確かに因果関係をたどるのは面倒くさいし、非効率かもしれない。だが、いかに苦しくてもそれは、「思考する存在」である人間にとって、かけがえのないものである。仮にもし、コンピュータがわれわれの直感や常識に反する相関関係をはじき出したなら、それを安易に信じて行動することは適切なのか。むしろ疑って立ち止まるべきではないのだろうか。

ところが、代表的啓蒙書であるマイヤー＝ショーンベルガーとクキエの『ビッグデータの正体』には、首をひねるような例がのべられている。米国で二〇一二年、中古車の品質データを相関分析したところ、「オレンジ色のクルマは欠陥が少ない」という結果がえられたという。他の色のクルマの欠陥率に比べ、平均値が半分以下だったというのだ。そして、焦点がぼやけるばかりなので、理由など説明しようとしないほうが賢明だと書いてある。[12]

だがここで、「中古車を買うならオレンジ色のクルマにしよう」と焦って決断する前に、落ち着いてさまざまな理由を考えてみることが、実はとても大切なのだ。なぜなら、「クルマの色がオレンジなら欠陥率が低い」という命題は、隠れた条件のもとではじめて成立する可能性が高いからである。

オレンジ色のクルマは珍しい。大量生産されるのはだいたい、白や黒、灰色などのクルマ

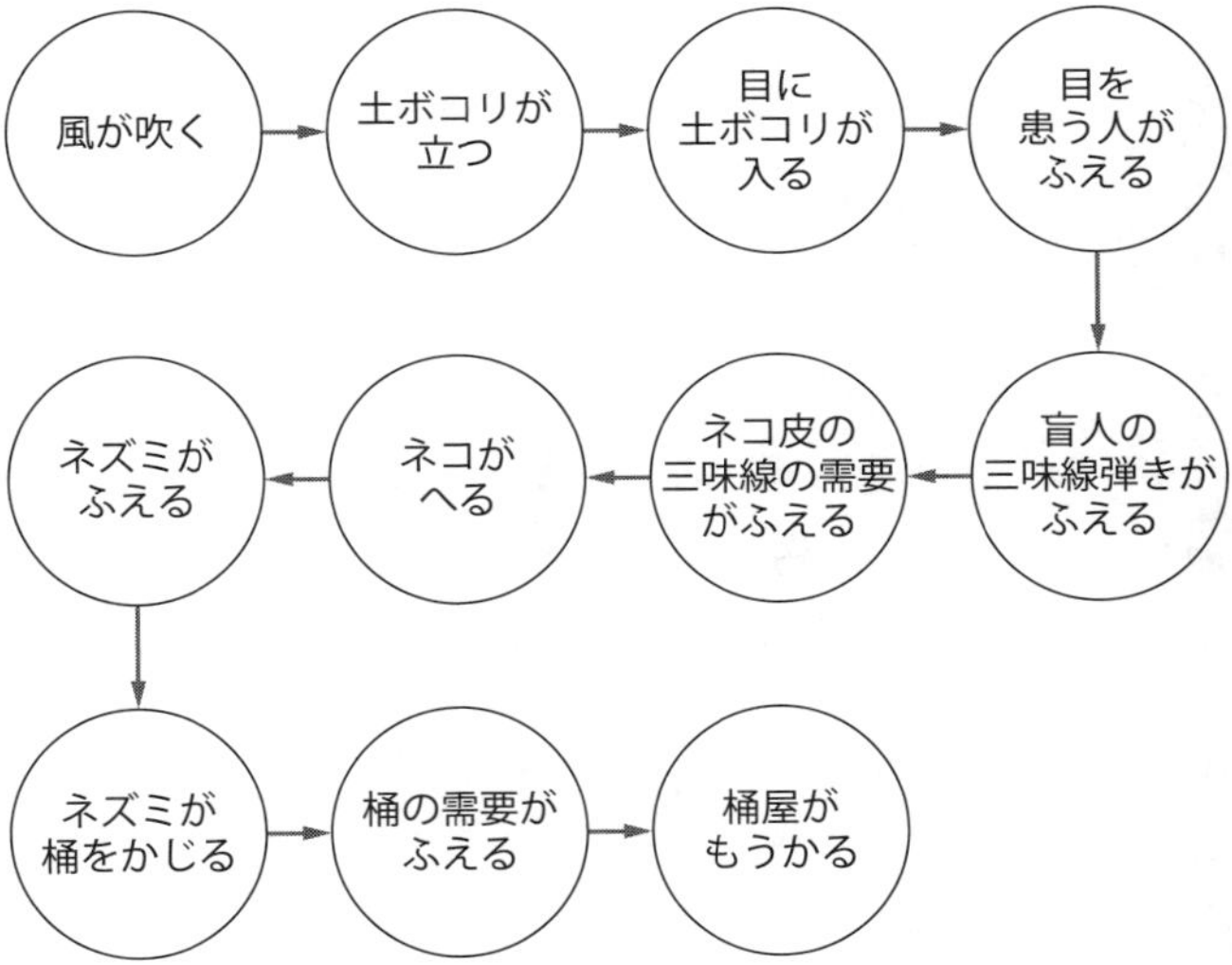

図１　因果の鎖

だ。たとえば、オレンジ色のクルマの多くが特注品（カスタムメイド）だったとすれば、オレンジ色のクルマのなかで、「特注品である」という条件が成り立つものだけが「欠陥率が低い」のかもしれない。つまり、特注品でなければ、その欠陥率は他のクルマと大差ないのかもしれない。そこで、あらためて特注品と一般の大量生産品との欠陥率を比較したとき、前者の欠陥率が後者よりずっと低ければ、色がエメラルド・グリーンだろうと何だろうと、「特注品のクルマを買う」のが正しい決断だということになる。逆にいえば、オレンジ色の非特注品を買ってはいけないのだ。

こういった話は世の中にたくさんある。「風が吹けば桶屋《おけや》がもうかる」は笑い話だが、これも隠れた条件を無視して因果の鎖をたどったためだ（図1：因果の鎖）。風が吹いて目を患う人がふえても、ネコ皮を使った三味線の弾き手になるかわりに、目薬で治そうとする人もいる。そういう人が多ければ、ネコも減らないから、桶をかじるネズミもふえない。だから桶屋は全然もうからない。

「因果より相関」という掛け声は勇ましいが、下手をすると笑い話を笑えなくなってしまう。

インダクションとアブダクション

ここで少し初等論理学のおさらいをしておこう。ビッグデータ分析は、高速論理処理機械であるコンピュータの活用が売り物だからだ。

いわゆる三段論法を思いだして頂きたい。大前提「人間は死ぬ」と小前提「ソクラテスは人間だ」から、帰結「ソクラテスは死ぬ」をみちびく、といったものだ。これが因果関係にもとづく「演繹《えんえき》（デダクション）」であり、論理思考の基本である。大前提は「一般ルール」、小前提は「個別条件」、帰結は「個別事実」と位置づけられる。一般ルールと個別条件が厳密に成立すれば、帰結は必ず成り立つ。つまり演繹は正確な論理処理で、数学者は普通これによって仕事をしている。

さて、演繹のほかに「帰納（インダクション）」というのもある。これはたくさんの個別事実と個別条件を組み合わせ、一般ルールをみちびくものだ。たとえば、「ソクラテスは死ぬ」「アリストテレスは死ぬ」「カントは死ぬ」など一群の個別事実、ならびに「ソクラテスは人間だ」「アリストテレスは人間だ」「カントは人間だ」という個別条件から推量して、「人間は死ぬ」という一般ルールを導出する。帰納というこの論理処理も多用されていて、多くの科学者はそんな仕事をしている。

ただし、帰納でえられる一般ルールには、だいたい「例外をのぞけば」という制限がつく。必ずしも、常に成り立つというわけではない[13]。けれども、個別事実をたくさん集めれば、ある条件のもとでは、ひとまず普遍的な一般ルールがえられるのである。

というわけで、人間の論理的な思考においては、演繹と帰納が双璧をなしている。ところが実は、この演繹と帰納のほかに「仮説推量（アブダクション）」というのがある。演繹や帰納ほど知られていないが、これは人間の論理処理における実践の場面、とくに意思決定をせまられる場面で、かなり広く用いられているのである。

端的にいうと仮説推量とは、一般ルールと個別事実とから、個別条件をみちびくというものだ。ある一般ルールの存在を前提にして、この事実が起きた背景にこの条件が成り立つのではないか、と仮説をつくるのである。「人間は死ぬ」と「ソクラテスは死ぬ」とから、「ソクラテスは人間だ」と推量するわけだ。だが、仮説推量は必ずしも成り立たない。もしかしたら、死んだのはソクラテスという名前のイヌかもしれないではないか……。

もっと分かりやすい例をひこう。ビルの屋上から眺めているとき、はるか遠くに煙が立つのが見えたとする（個別事実）。火事になると煙がたつこと（一般ルール）を思いだし、「遠くの家が火事になっている」（個別条件）と推し量って消防署に電話するのは仮説推量だ。消防署から感謝状をもらえる場合もあるだろう。だが、遠くの公園で落ち葉焚《た》きをしていたにすぎず、消防署員から笑われる、ということもありえる。

ビッグデータ分析にもとづいて行動をおこすとき、（例外のある）帰納だけでなく、（間違いもある）仮説推量の処理が行われている、という点はよくよく注意しないといけない。たとえば前述の、グーグル・チームが「咳止め薬」「解熱剤」という検索キーワードの頻度増加から、ある地域のインフルエンザ流行を予測したという例にもどろう。これはごく簡単にいえば、「インフルエンザの流行地域Aで、咳止め薬や解熱剤の検索頻度が増した」「インフルエンザの流行地域Bで、咳止め薬や解熱剤の検索頻度が増した」「インフルエンザの流行地域Cで、咳止め薬や解熱剤の検索頻度が増した」……など、多量の実績データ（個別事実）から、「インフルエンザ流行地域では、咳止め薬や解熱剤の検索頻度が増す」という一般ルールを帰納したのだといえる。

実はここには、隠れた条件がある。条件が成立しなければ、一般ルールにおける「例外」となってしまうわけだ。それはたとえば、「咳止め薬や解熱剤をオンライン発注する傾向が強い地域である」といった条件である。近くに薬局がたくさんある密集した市街地なら、この条件は成り立ちにくい。つまり、多様な条件に配慮しないと、データ分析からの帰納でみちびく一般ルールは、なかなか普遍的なものにならないのである。

さらに問題なのは、仮説推量をおこなう場合だ。ある特定の地域Xで咳止め薬や解熱剤の検索頻度が増加したとき、「地域Xにおいてインフルエンザが流行している」と高精度で推測できたことが、グーグルのビッグデータ分析の成功例である。ところでこれは、「地域Xにおいて、咳止め薬や解熱剤の検索頻度が増加した」という個別事実と、「インフルエンザ流行地域では、咳止め薬や解熱剤の検索頻度が増す」という一般ルールとから、「地域Xでインフルエンザが流行している」という個別条件を導き出したのだから、仮説推量に他ならない。だが、何しろ仮説推量だから、当然、つねに正しいとは限らない。たとえば地域Xでは、インフルエンザではなくただの風邪《かぜ》が流行《はや》っているだけかもしれないのだ。

断っておくが私は、グーグル・チームによるインフルエンザ流行予測にたいする批判をするつもりはない。ただ、ビッグデータの相関関係のコンピュータ分析から何らかの一般的ルールをみちびいたり、それをもとに個別の行動をおこしたりするときには、「理由なんて問わなくたっていい」と安心してはいけない、諸条件を吟味することが不可欠だ、と言いたいのである[14]。

実際、仮説推量という行動自体は、とくに悪いことではないのである。以前からわれわれ人間がやっていることなのだ。医師の診断はその典型である。

来診したある患者が、「熱が高くて、お腹《なか》が痛いんです（個別事実）」と医師に症状を訴えたとする。ちょうどウィルスによる感染性胃腸炎がひどく流行していて、「感染性胃腸炎なら発熱と腹痛をおこす」という一般ルールが医師の頭にこびりついているとしよう。医師は患者の訴えを聞いてすぐに「この患者は感染性胃腸炎だ（個別条件）」と診断し、ウィルスに効く抗生物質を処方する。だがこの診断つまり仮説推量は誤りであり、本当は、この患者はただの食中毒だったのだ。経験をつんだ慎重な医師なら、患者の体液を採取してウィルスの有無を調べたり、前日に食べた料理をたずねたりして、誤診をふせぐように努力するはずだ。「感染性胃腸炎なら発熱と腹痛をおこす」という一般ルールは正しいかもしれないが、「体液中にウィルスが無ければ、感染性胃腸炎ではない」という条件を考慮すべきだった、というわけである。

現実の医学的診断はこれほど単純ではないだろう。だが、人間の体は機械ではなく不明瞭な部分をふくむので、診断にはいつも仮説推量の要素がはいってくる。医学的診断だけではない。自然現象にせよ、社会現象にせよ、およそわれわれの周囲で起こるものごとを推測して対処しても、外れることは少なくない。帰納した一般ルールが不備だったり、仮説推量が間違っていたりするからだ。だがそういう中で、諸条件を検討考慮し、なんとか適切な対処をするために人間がつくりあげてきたのが、因果関係モデルではなかったのだろうか。

ただし、３Ｖの特徴をもつビッグデータの分析においては、のんびり時間をかけて因果関係を検討している余裕など無いのは確かだ。かといって、すでに述べたように、コンピュータでシラミ潰しに相関関係を調べるには、計算量が膨大すぎる。いったいどうすればよいのか。

ひとつ希望が無いではない。それは近ごろ話題を集めている「人工知能」だ。これはコンピュータの利用技術の一分野だが、もうすぐ人間を超える知力をもつという噂もある。

人工知能を用いれば、はたして、ビッグデータに関する諸問題は解決されるのだろうか？——次章ではこの点について述べていこう。

第二章　機械学習のブレイクスルー

2・1　人工知能ブームの再来

人工知能は切り札となるか？

人工知能（Artificial Intelligence／ＡＩ）技術こそがビッグデータ分析の主役だという声は、二〇一〇年代に入って非常に高くなってきた。というより、今では、人工知能とビッグデータとはほとんど一体不可分の情報技術と見なされつつあるのである。その意味で「ビッグデータ型人工知能」が登場したといってもいい。

人工知能（ＡＩ）というのは、ごく平たく言ってしまえば、「人間のような知能をもつコンピュータ」のことだ。これまで、データを分析するのは、統計学の知識をもったデータ・アナリストという専門家だった。だが、恐ろしく大量のビッグデータが相手となると、その作業は容易ではないし、人件費もかかりすぎる。そこで人間の代わりにコンピュータにやらせてしまおう、という虫のよい考えである。

たとえば、前章でのべたような、顧客の消費性向におうじてピンポイントの広告をとどけるターゲティング広告や、オンライン・ショップの協調フィルタリング（よく似た商品購買傾向をもつ顧客たちの購買歴から顧客に商品をお勧めする機能）にも、すでに人工知能技術が活用されている。そしてこの傾向は、今後いよいよ拡大していくだろう。前述のインダストリ－4・0では、工場のなかで製作機械や半完成部品につけたセンサーから時々刻々到来する大量のデータを、人工知能コンピュータが自動的に分析して物流の効率性を高めたり、柔軟にカスタムメイドの製品を仕上げたりする努力が盛んに試みられていると聞く。

　ところで人工知能というのは、決して新しい分野ではない。半世紀以上前、コンピュータが誕生したすぐ後の一九五〇年代後半からえんえんと検討が重ねられてきた技術分野である。そこはビッグデータとは大いに違う。何しろ、「人間のような知能をもつ」という野心的企てだから、当然ともいえる。

　三〇年以上にわたってその成功や失敗のありさまを眺めてきた私からすると、率直にいって、人工知能が本当にビッグデータ分析の万能薬になるのかな、と首をひねるところも無いではない。とはいえ、コンピュータのデータ処理速度が人間より桁違いに高い以上、もし人工知能が人間より賢明な判断ができると仮定すれば、ビッグデータ分析を自動的に行うという発想はそれなりに説得力をもつわけだ。また他方、人工知能研究者の立場からすると、これまでになく大量のデータを利用可能になったことで、面白い技術的発展がうまれるかもしれないという楽しみもひろがる。

近年、なぜかマスコミは盛んに、「人工知能が賢くなった」と喧伝《けんでん》している。チェスや将棋や囲碁のチャンピオンと人工知能を闘わせ、コンピュータが人間に勝ったと騒いでいるのはその典型だ。チェスの世界王者ガルリ・カスパロフにIBM社のディープブルーが勝利をおさめたのは一九九七年のことだが、将棋ではもう少し時間がかかり、米長邦雄永世棋聖に将棋ソフトのボンクラーズが勝利をおさめたのは二〇一二年のことである。その後、将棋ソフトはますます強くなり、今やプロ棋士でもなかなか勝てないらしい。さらに、将棋よりずっと難しいといわれた囲碁でも、二〇一六年にアルファ碁というソフトが高段者を打ち破り、関係者を驚かせた。

だがこれをもって「コンピュータが人間より頭がよくなった」と見なすのは、あまりに妙な話ではないか。ディープブルーにせよ、ボンクラーズにせよ、アルファ碁にせよ、人間のチームが膨大な棋譜をメモリーに記憶させ、難しいプログラムを研究開発してようやく作り上げた機械だ。コンピュータが自分でシステムを構築したわけではない。だから、勝ったのはシステム構築をおこなった秀才たちであり、彼らが集まって高性能機械を駆使し、天才棋士に勝ったというだけの話である。それに、コンピュータの処理速度や記憶容量はどんどん増していくから、ちょっと意地悪く言えば、年々強くなるのは当たり前だという見方もできる。むろん、システム構築においてはさまざまな凝った工夫がなされているだろうし、その努力の大きさには頭が下がるが、まあヒマ人の道楽にすぎない。

——そんなことを言うと、関連する研究者から「いや、われわれは人間の思考の秘密を解明しようとしているのだ」と反論がくるかもしれない。だが、これは詭弁《きべん》である。

大切な点は、チェスや将棋を指すとき、人間とコンピュータとでは問題解決のアプローチが全然違うことだ。天才棋士は、経験にもとづく直感的ひらめきから、盤面の全体的展開を読んで指し手を決める。別に計算をしているわけではない。一方コンピュータは、有利な局面に到達するための膨大な道筋を高速計算で調べ上げ、それらを比較して最高評価値の指し手を決めるという方法が基本である。だから、たとえコンピュータが天才棋士に勝ったとしても、天才棋士の頭脳のひらめきのメカニズムを解明したことにはならないのだ。

このことは、コンピュータがクイズや大学入試問題を回答する場合もまったく同様である。IBM社の人工知能ワトソンは二〇一一年、米国の人気クイズ番組「ジョパディ！」に出演し、人間のチャンピオンを破って賞金を獲得したことで大いに注目をあびた。だが、たとえば歴史の問題が出題されたとしよう。人間にとっては、事件の起こった細かい年代や地名人名を正確に記憶するのは大変である。一方、コンピュータのほうは、まるごと年表や百科事典をメモリーに貯め込んでいるのだから、それらのデータを出力することは朝飯前だ。むしろコンピュータにとっての難事は、英語で表現される出題文の意味を理解し、求められる答えの意図をとらえて、メモリーのなかから適切なデータを検索するルートを探し当てることである。

人間にとって何でもない出題文の理解が、コンピュータにとっては恐ろしく困難なのだ。実際、この分野は「自然言語処理」と呼ばれ、多くの人工知能者が昔から研究にとりくんできたが、いまだに決定打はえられていないのである（日本語や英語など人間が日常的に使う言語は、人工的なプログラミング言語とちがい自然にできあがったことから、「自然言語」とよばれる）。

難しさの力点がまったく違うとすれば、人間とコンピュータとが競ってもほとんど意味はない。プロ棋士と将棋ソフトの対決はまるで異種格闘技戦だと言った人がいたが、なかなか的を射た批評である。内容は空っぽでも、一般の人々の耳や目をひきつける試合はおカネになる。研究予算を獲得するには、「人間にコンピュータが勝った」というキャッチフレーズが有効なのだろう。だがこの勝利によって、「人工知能が進歩して人間より賢くなった」というのは途方もない誤りである。この点だけは強調しなくてはならない。およそ、ディープブルーにせよ、ボンクラーズにせよ、アルファ碁にせよ、それぞれチェスや将棋や囲碁のための専用人工知能であって、哲学や経済学の論文を書けるわけでもないのだ。

だからといって私は、専用人工知能が無能だというつもりはない。逆にそれらは大いに有能なのであり、すでに部分的な局面ではとっくに人間の能力をしのいでいる。ただ、クルマとマラソンをして負けたからといってクルマを賞賛する人がいないように、年表・百科事典・数学事典などを自在に検索できる人工知能と知識比べをして負けたからといって、人工知能を崇拝するのはもう止《や》めたらどうなのか、と言いたいだけである。どうしても試合をしたければ、将棋でもクイズでも、人間相手でなくむしろ人工知能同士で闘うべきだろう。異種格闘技戦めいた茶番はそろそろ願い下げだ。

――ただし、である。人工知能が近年「賢くなった」と言われるのは、ただ人間との試合に勝ったからだけではない。そこには画期的な技術的ブレイクスルーがあったとも考えられるのである。

人間とコンピュータの問題解決法の相違は、情報処理の仕方が根本的に違うためなのだが、もしかしたら両者をむすぶ回路がひらけたのだろうか。

とりわけ興味深いのは、最近の人工知能が「データ量が増すと、性能が向上する」といわれていることだ。コンピュータは論理処理をおこなう機械だから、データ量が増すとともに処理性能は低下するのが普通である。もし逆だとすれば、ビッグデータ分析について新たな光がさしてくるではないか。人工知能が切り札となる期待がふくらむのである。

本章では以下、人工知能の技術的内容に踏みこんで、そのあたりを明らかにしていきたい。

論理機械と第一次AIブーム

準備として、簡単に人工知能の発展史をふりかえってみよう。人工知能は一九五六年に米国でひらかれたダートマス会議から始まったといわれている。だが、より深く洞察すると、もともとコンピュータとは高速計算機というより、「人工知能機械」として誕生したのだ。つまり、「人間のように思考する機械」を夢見て一九四〇年代半ばにつくられた機械こそ、コンピュータだったのである。

周知のように、コンピュータは0と1からなるデジタル記号を電子的な論理回路で処理する機械だ。論理回路としてはAND（論理積）、OR（論理和）、NOT（否定）の三つが基本型で、とてもシンプルな構成である。(1) そんなシンプルな論理回路の組み合わせで、本当に人間の、複雑多様で矛盾にみちた思考を実現できるのかと、首をひねる読者も少なくないだろう。だがともかく、文字や数値などは0と1のデジタル記号で表現できるし、前章でのべた演繹《えんえき》推論や数値計算などの論理処理を、ANDとORとNOTを使ってうまく実行できることは、ブール代数によって数学的に確認されている。

さて、高速で論理処理をおこなう機械がコンピュータなのだが、その作動が人間の思考活動に等しいとはいったいどういうことだろうか。ここで、アラン・チューリングとジョン・フォン・ノイマンという二人の天才の名前をあげなくてはならない。

コンピュータの理論モデルを一九三〇年代につくったのは、アラン・チューリングという英国の数学者である。その「汎用チューリング機械」というモデルにおいては、データを一ステップずつ順番に論理処理していく、プログラムという考え方が用いられている。この発想は、今のあらゆるコンピュータの作動の理論的基礎をなしているのだ。そして、汎用チューリング機械を具体的に実現するコンピュータであるEDVACの設計書をまとめたのが、ハンガリーから米国に亡命したユダヤ系数学者フォン・ノイマンだったのである。EDVACは、プログラム内蔵型方式と0と1の二進法表現を採用しており、まさに現代コンピュータの祖型といって差し支えない[2]。

チューリングもフォン・ノイマンも数学基礎論の研究者だった。二〇世紀前半にとても流行した数学基礎論とは、一言でいえば、数学を論理学に包含してしまう試みに他ならない。中心となったのは、現代数学の父といわれるドイツの大数学者ダーフィット・ヒルベルトである。この人物は徹底的な形式主義者だった。ヒルベルトにとって真理とは、矛盾のない公理系から形式的なルールにもとづく記号操作でみちびかれる命題なのである[3]。ここで「ルール」とは論理規則のことであり、「形式的」とは、記号が何をあらわすかは無視してよいということだ。論理規則にしたがって記号を操作すれば、正しい命題が自然にえられるはず、というのである。直感的判断などは、主観的で当てにならない。だからヒルベルトは、昔ながらのユークリッド幾何学の諸定理を、公理系からの形式的な記号操作によって証明してみせた。図形パターンの直感的認知には不正確さがまぎれこむかもしれない、と恐れたのだろう。まさにお疲れさま、である。

数学だけではない。ヒルベルトは世界のあらゆる対象について、こういう考え方が重要だと力説した。対象を記号であらわし、記号を論理規則にもとづいて形式的に操作することによって、対象についての正確な知識がえられる、という「記号計算（symbolic computation）万能」の主張である。チューリングもフォン・ノイマンも、こういう論理主義的な発想にもとづいてコンピュータをつくったのだ。

さて、論理を至上のものとするこの発想は、ヒルベルトだけが始めたものではない。背後に、一九世紀後半から二〇世紀前半にいたる、近代西洋の広い哲学的背景がでんと控えている。ここでゴットロープ・フレーゲ、バートランド・ラッセル、ルートヴィヒ・ヴィトゲンシュタインといった大物思索者たちのことを忘れるわけにはいかない。

自然界の事物から人事百般におよぶ多様な対象を記号であらわし、論理的に操作するためには、まず諸概念を正確に記述表現する言語が不可欠である。英語やドイツ語などの自然言語では多義語もおおく、あいまいすぎて駄目なのだ。まことに厄介なこの仕事をやってのけたのが、アリストテレス以来最大の論理学者といわれるゴットロープ・フレーゲだった。その提案による「述語論理（predicate logic）」は、論理的な表現のなかに変数をふくむ斬新な記号体系で、論理表現の世界を一挙にひろげてしまった。一八七九年に書かれた『概念記法（*Begriffsschrift*）』は数理論理学史において光り輝く古典である。

哲学者バートランド・ラッセルは、フレーゲの述語論理にもとづいて世界のありさまを分析的に記述することが「正しい思考」なのだと考えた。それまでの哲学は、人間の主観的意識とか超越性とかいった不確かな問題に関わっていたが、そんなものは労力の浪費であり、もっと客観的かつ厳密に思考するべきだと主張したのである。

これは人間の経験や思考そのものに対する、きわめてラディカルな態度であり見方だった。ラッセルがアルフレッド・ノース・ホワイトヘッドとともに著した『数学原理（*Principia Mathematica*）』（一九一〇～一三年）や、その弟子ヴィトゲンシュタインの『論理哲学論考（*Tractatus Logico-Philosophicus*）』（一九二一年）の頁《ページ》をパラパラめくっていくと、「論理」というものに対する彼らの信念のすさまじさに圧倒されてしまう。記号の形式的操作によって客観的世界のありさまを透明に正しく記述表現できるのだ、という熱い思いがみなぎっているのである。[4]

こういう論理主義の時代精神をもとに、コンピュータは生まれたのだ。それはまさに、記号を（それが何を表すかによらず）プログラム通り形式的に高速操作する論理機械である。だからそれは、人間の正しい思考の模範になれるはずなのだ。

このように、コンピュータは最初から、ただの高速数値計算機械ではなく、より広く人間の正確な思考を体現する記号計算をおこなう論理機械だと見なされていた。人工知能という分野の誕生は必然的だったのである。

実際、人工知能という言葉が登場したダートマス会議で紹介された「ロジック・セオリスト」は、ラッセルの『数学原理』に書かれた諸定理の自動証明をおこなうデモンストレーションだった。コンピュータは数値計算だけでなく、公理を論理的に組み合わせ、さまざまな定理を自動的に証明することができるというわけだ。人工知能の草分けたちは、その先に、「人間の一般的な問題を解決する機械（General Problem Solver）」の誕生を夢見たのである。

という次第で一九五〇年代後半、第一次人工知能ブームが花開いたのだ。パズルを解いたり、簡単なゲームをしたりしたのが、その主な実績である。オセロのような簡単なゲームなら、必勝パターンにいたる道筋をシラミつぶしに探して逆にたどり、最短の道筋をえらべばよい。まさに高速論理処理の利点をいかしたやり方である。

とはいえ、挫折はすぐに訪れた。パズルやゲームは所詮、玩具《おもちゃ》のように小さな世界のできごとである。広大で錯綜《さくそう》した現実世界に応用しようとすれば、論理だけではとても太刀打《たちう》ちできない。

たとえば、外国語の文章をコンピュータで翻訳する機械翻訳は、当時さかんに期待されたものの、まったくうまく行かなかった。文法規則と辞書さえコンピュータに入力すれば、あとは大丈夫だという甘い予測ははずれたのである。人間の書く文章は必ずしも文法通りではないし、例外はいくらでもあり、言葉の意味もなかなか一つには定まらない。処理速度も遅く、記憶容量も小さな当時のコンピュータで、そんな難しい応用はとても無理だったのである。

知識処理と第二次AIブーム

しばらく低迷していた人工知能の研究がふたたび息を吹き返したのは、一九八〇年代のことだった。欧米だけでなく、経済発展めざましい当時の日本でも、第二次の人工知能ブームが起こったのである（というか、第一次人工知能ブームは貧乏国だった日本にはほぼ無縁であり、第二次人工知能ブームから本格的に参加したといっていい）。

第一次の人工知能ブームのキーワードが「論理（logic）」だったのに対し、第二次のキーワードは「知識（knowledge）」である。考えてみれば当然だ。確かに人間は問題を解決し意思決定をおこなうとき、筋道をたてて論理的に考えようとする。だが、それは積み重ねられてきた社会的体験にもとづく知識を踏まえたものなのである。難しいパズルに挑戦するときのように、論理だけで判断するわけではない。

たとえばコンビニの狭い棚に、オニギリとかサンドウィッチなどの各種商品をいかに陳列すれば売り上げが伸びるか、といった身近な問題を考えよう。これは店長にとっては大事な意思決定だ。もし商品ごとに、売れ行きがきっちり予測できれば、あとは商品の価格と棚専有面積から論理的に最適解がえられるだろう。だが、問題は各商品の売れ行きがわからないということなのだ。そこで「この店じゃ、朝はサンドウィッチ、夕方はオニギリが売れ筋になるんだ」といった過去の体験からえた知識をもとに、おおよその見当で陳列することになる。

つまり、現実の問題解決の場面においては、詳細で厳密な論理的操作より、常識や体験的知識のほうがはるかに大切で、それらにもとづく直感的で大局的な判断によって、意思決定がおこなわれているのである。

こうして、人間の獲得した知識をコンピュータの記憶装置にたくさん貯めこんでおき、それをもとに演繹推論などの論理的操作をすればよい、という発想が出てきた。要するに、「論理」だけでなく、「論理プラス知識」というわけである。

一九八〇年代には、五〇年代のコンピュータと違って、集積回路の規模と密度が向上し、かなり大きな記憶装置と強力な処理装置をそなえた汎用大型コンピュータ（メインフレーム）が登場していた。この技術的発展を活用して、「論理プラス知識」の人工知能を実現しようという試みが、第二次人工知能ブームとして開花したのである。これは「知識工学（knowledge engineering）」という名前で呼ばれた。

知識工学ブームの中心は米国であり、とくに西海岸のスタンフォード大学だった。とくに国際的な注目を集めたのは、スタンフォード大学のエドワード・ファイゲンバウムが提唱した「エキスパート・システム」である。

エキスパート・システムとは、端的には、人間の専門家（エキスパート）の代わりをつとめるような人工知能のことだ。法律や医学の知識は専門家しか持っていないが、これをコンピュータに記憶しておき、正確な演繹推論をおこなえば便利千万だろうという考え方である。弁護士や医者にたいする高額な費用の支払いにうんざりしていた米国の人々のあいだで、エキスパート・システムが熱狂的に期待されたのは納得のいくことだった。

さて以上は、単なるコンピュータ史の教科書的おさらいではない。第二次人工知能ブームの熱気を、若かった私は米国留学生活をつうじて直接に経験したのである。だから、当時のことを想い出すと、とても懐かしく、また複雑な気持ちになる。

少しばかり、昔話をさせていただきたい。工学部を出てコンピュータ・エンジニアになった私は、一九七〇年代、日立製作所でおもに汎用大型コンピュータのオペレーティング・システムの研究開発に従事していた。とくに専門としたのはシステムの性能や信頼性をコントロールするための方式設計で、それが博士論文のテーマだったのである。そのころ指導して下さっていた東京大学の大須賀節雄教授（現在は名誉教授）は、人工知能研究の大家でもあった。それで、八〇年代はじめ、スタンフォード大学に客員研究員として留学したとき、現地の人工知能研究のありさまに興味をひかれたのは自然な成り行きだったともいえる。

当時のスタンフォード大学で、ファイゲンバウムとその研究チームの人気は絶大だった。多くの有名な人工知能研究者が、さまざまなエキスパート・システムの可能性にいどみ、試作システムを開発していたのである。すでに開発済みのシステムもいろいろあり、学生たちはそれらの詳細を学ぶとともに、未来へのいろいろなアイデアを熱心に討論していた。

しかし、そんな楽観的なグループ討論を横目で眺めながら、私の中には一種の違和感のようなものが、少しずつ膨れあがっていったのである。

人間の知識の大半は、たとえ表面上は論理的な命題のような形式で記述されていても、絶対的な正確さを持っているわけではない。とすれば、曖昧さの残る知識にもとづいてコンピュータで厳密な演繹推論をしても、結論は不確かになってしまうのではないか。

たとえば、「マイシン（MYCIN）」という有名なエキスパート・システムがあった。これは細菌性血液感染症を診断するもので、患者に症状についていろいろ質問をし、その回答から、有効な抗生物質を決定するエキスパート・システムである。まさに医者のように診断をくだすわけだが、前章でのべたように、診断という行為自体が仮説推量（アブダクション）なのだから、どうあがいても誤りのリスクから逃れられない。もともと、コンピュータに蓄えられた知識といっても、「これこれの細菌に感染していたら、しかじかの症状がでる可能性が高い」といった類いの命題の集合であり、一〇〇パーセントの確実性を持っているわけではないのである。とすれば、厳密な演繹推論を高速実行しているつもりでも、不確定さが積み重なって、結局は誤った診断をしてしまう恐れはないだろうか。何しろ、ことは人命にかかわるのである。(5)

エキスパート・システムのなかには実際に応用された例もあるし、私はその有効性を全面否定するつもりは全くない。だが、コンピュータで知識と論理を組み合わせればどんな問題でも解決する、という発想はどうみても安易すぎる。下手をすると、「風が吹くと桶屋《おけや》がもうかる」といった珍妙な結論を導いてしまう恐れもあるのだ。専門知識の工学的活用というテーマは、より深く掘り下げる必要がある。実際、当時から三〇年以上たったが、弁護士や医者といったエキスパートが失職したという噂《うわさ》は聞かないではないか。

第五世代コンピュータ開発プロジェクト

知識の論理処理をおこなう人工知能にたいする私の興味、そして疑問は、米国留学から日本に帰国してからも、ますます大きくなる一方だった。

はっきりそういう問題意識をもったのは、あの「第五世代コンピュータ開発プロジェクト」に、短期間ながらオペレーティング・システムの専門家として参加したときのことである（勤務先の方針で、研究所から工場に派遣されたため、実質的な参加期間は短かった）。このプロジェクトは、一九八〇年代に当時の通産省のリードのもと、産官学の最先端研究者をあつめて「欧米をしのぐ世界一の斬新なコンピュータをつくる」という壮大な夢をもって実行された、まことに挑戦的な国家的研究開発だった。予算規模は五〇〇億円を超える一〇年計画で、文字通り、日本のコンピュータ史上最大の研究開発プロジェクトだったといえる。

「第五世代」というのは、おもにハードウェア論理素子の進歩に対応する言葉である。第一世代が真空管、第二世代がトランジスタ、第三世代が集積回路、第四世代が（超）大規模集積回路というわけである。だが第五世代コンピュータの使命は、単に処理速度や記憶密度を高めることではなかった。より抜本的な改良を加え、端的には「人間の言葉を理解し、人間とコミュニケートしながら問題を解決するコンピュータ」の実現をめざしていたのだ。

まさにこれは人工知能の夢想に他ならない。さて、そのためには人間のもつ膨大な知識を論理的に処理することが鍵となる、というのが当時の発想だった。日本にかぎらず、それが国際的な潮流だったのである。

人間の知識を人工知能コンピュータで処理し、結論をみちびくとき、難しいのは、どのような知識命題群をいかに組み合わせるか、である。正確な演繹推論をするためには、知識は厳密でなくてはならないが、たとえば、「鳥は飛ぶ」という当たり前の知識さえ、ペンギンだのダチョウだのニワトリだのを考えれば、必ずしも正しくはない。「鳥は飛ぶ」という知識を無条件に前提にして演繹推論していくと、矛盾におちいる場合もある。それなら、飛べない鳥の種類をあげ、例外扱いにすればよいではないかと思うかもしれないが、どんな種類でも幼鳥は飛べないし、怪我《けが》や病気で飛べないときもある。

要するに、一般的なルールを機械的に応用すると、個別具体的な応用の場面において誤りが多発してしまうのだ。たとえ百科事典の内容を片端からコンピュータに入力したところで、満足のいく演繹推論ができるという保証はまったくない。かえって細かい矛盾が生じ、立ち往生する可能性がふえるだろう⑹。

人間は日常、常識にもとづいてフレキシブルに行動している。だが、この常識というのがクセモノで、いわば矛盾や誤りだらけのしろものなのである。「女性は総合的判断ができない」などという言葉も、かつてビジネスマンのあいだでは常識だった。日ごろ教室で男女の学生に接している私の経験からすると、今ではこんな常識は誤りだとはっきりわかる。ところで一方、「日本人は勤勉だ」という古来の尊い常識も、若い学生たちの様子からすると近年だんだん怪しくなってきている……。

まあ、そんなことはさておこう。人工知能で真面目《まじめ》に問題を解こうとすれば、一般的で抽象的な知識命題群のうち、どれを推論操作にいれればよいかの選択がつねに問題となる。人間はあいまいで流動的な状況のもとで、常識によって余計な知識は切り捨て、なすべき具体的な目標に向かって行動をおこす。だが、これが人工知能には難しい。

たとえば、近くのファストフード店に行ってハンバーガーを買ってくるお使いは、小さな子供でもできる。だが、それを人工知能ロボットにやらせるのは非常に大変なのである。店までの道筋やハンバーガーの値段などの知識を詳しくロボットに教え込んでおいても、たまたま道路工事をしていたり、ハンバーガーの値引きがあったりすれば、厳密好みのロボットにはもうお手上げだ。子供なら適当に回り道し、おつりが多すぎてもニコニコ顔で帰ってくるだけなのだが。

問題の論理的なフレーム（枠組み）が明確にならないと、関連した知識の選択はできない。適切な知識を選択できないと、演繹推論もできない。フレームを臨機応変に設定し、刻々と変動する状況におうじて問題解決をするという、人間には何でもなくできることが、人工知能には困難なのである。これは「フレーム問題(frame problem)」とよばれ、人工知能研究における難問として知られている。

言いかえると、右の問題は「文脈(コンテキスト)をよむことが人工知能には困難だ」ということに対応している。「冷蔵庫のなかに水ある?」という簡単な質問にも、人工知能は「製氷機の下に水分がたまっています」などと、見当違いの答えを返してきたりするのだ。科学知識をふまえた演繹推論の結論が、もとめられる「正解」でない場合は幾らでもあるのである。

言葉の「意味」を理解するというのは、このように、人工知能にとって厄介千万な仕事に他ならない。コンピュータに、外国語のテキストを日本語に翻訳させたり、その逆をやらせたりする「機械翻訳」という分野が昔からあるが、その困難さの中核は、機械が文脈をつかめないという点にある。だから、複数の意味をもつ多義語の訳語として、どれを選択するべきか迷ってしまうのだ(7)。

さて、以上のような難問があるにもかかわらず、第五世代コンピュータは「人間の言葉を理解し、人間とコミュニケートしながら問題を解決するコンピュータ」の開発という壮大な目標をかかげた。いったい、そんなことができるのだろうか。人間の言葉というのは、日本語や英語などの、いわゆる自然言語のことである。コンピュータに言葉の意味がわからない以上、不可能に決まっている、という意見が現れても不思議はない。

それなのに、第五世代コンピュータ開発プロジェクトは勇ましく突き進んだ。そして、およそ一〇年後、一九九〇年代初めに、新しいタイプのコンピュータ・システムをともかく完成させたのである。いったいそれはどんなシステムだったのだろうか？——「並列推論マシン」というのがその実体である。端的にいうとこれは、前述の論理学者フレーゲがつくった述語論理で書かれた知識命題を、同時並行的に処理して演繹推論を実行する機械に他ならない。

もうお分かりだろう。第五世代コンピュータとは、コンピュータが誕生した頃の論理主義的な発想を、いわば真正面から体現する機械だったのだ。

チューリングやフォン・ノイマンが設計した現行コンピュータは、0と1のデジタル信号を逐次的に、つまり時間軸にそって直列に処理していく機械である。確かにこの方式で論理命題を処理できる。だが、論理命題群自体はもともと、直列というより、むしろ並列的・空間的な性格をもっている。論理命題はそれぞれ、いわば連立方程式のように、それぞれ単独で林立しているわけだ。何らかの推論をおこなうとき、はじめて、それらの論理命題群のなかから関連のあるものだけが選ばれ、まるで連立方程式を解くように順次組み合わされて、結論がみちびかれることになる。

とすれば、推論のプロセスの一部を同時並行して実行すれば効率があがる、というアイデアがすぐ浮かんでこないだろうか。とくに、関連のある知識命題群を探索して選びだす処理は、並列におこなえば速い。さらに、知識命題を最初から述語論理の表現形式で書いておき、論理記号操作を直接ハードウェアで実行してしまえば、推論の効率は向上するだろう。第五世代コンピュータとは、そのような特徴をもつ機械なのである。

だが、アイデアを思いついても、それを工学的に実現するためには、克服すべき技術的課題が山のようにある。完成した並列推論マシンがいかに高度な技術的成果だったかは、特筆に値する。ある意味では、チューリングやフォン・ノイマンの仕事に匹敵するとさえ言えるかもしれない。ハードウェアだけでなく、関連するソフトウェアの開発もきわめて大変である。これをわずか一〇年で完成させた日本のコンピュータ研究者の優秀さは、何とすばらしいのだろうか……。

にもかかわらず、である。第五世代コンピュータ開発プロジェクトは大失敗だったと位置づけられてしまうのだ。実際、膨大な開発コストと研究者のエネルギーを費やして研究開発した並列推論マシンは、その後まったく実用に供されていない。

いま振り返ると、真の意味で第五世代コンピュータといえる存在は、インターネットとパソコン（そしてその発展形といえるタブレット端末やスマートフォン）だった。それらは、並列推論マシンとはまったく正反対の設計思想にもとづくシステムだといっていい。並列推論マシンが多くの知識命題をコンピュータ内部に貯めこみ、ハードウェアでクローズドな論理処理をおこなうのに対し、インターネットはオープンに多様な人々を結び、相互協調的なコミュニケーションをつうじて論理処理をおこなう。だから後者のハードウェアは、論理素子はシンプルなかわり、ヒューマン・インターフェイス機能が充実しているのである。「人間とコミュニケートしながら問題を解決するコンピュータ」という第五世代コンピュータの理念は、「機械と人間のコミュニケーション」でなく「機械を介した、人間と人間のコミュニケーション」というインターネットの理念で置き換えられたわけだ。

第五世代コンピュータ開発プロジェクトの失敗の原因については、いろいろな意見がある。いまのようにビッグデータが利用できれば成功した、という声もある。だが、（自戒をこめていうが）この楽観論は浅すぎる。

根本的な原因は、プロジェクトの当時の関係者、とくにリーダーたちが、知識や論理、そしてとくに言語コミュニケーションというものに対する洞察を欠いていた点にあるのだ。立ちはだかっていたのは、自然言語であらわされる人間の知識をいかに論理命題として表現すべきか、どうすれば具体的問題を解決できるのか、そのための条件は何か、などの難問である。「論理プラス知識」といっても、コンピュータの厳密な論理操作は、人間が用いる柔軟な知識と必ずしもなじまない。だからあわてて走り出す前に、たとえばまず、記号とその意味について苦闘したヴィトゲンシュタインの思索の跡をたどってみれば、事情は違っただろう。

そういう言語哲学的な難問から目をそむけ、ひたすら並列推論マシンの実現というコンピュータ工学的な技術課題にとりくんだことが、失敗をもたらしたのである。いわば、あさっての方向にスタートを切ってしまったわけだ。だが、言語哲学的な難問は、どこまでも追いかけてくる。それはやがて、後述する「記号接地問題（symbol grounding problem）」という人工知能の難問として現れてくるのである。

2・2 深層学習の登場

パターン認識と第三次AIブーム

すでに述べたように、第五世代コンピュータ開発プロジェクトの失敗もあって低迷していた人工知能研究に、二〇一〇年代半ばからふたたび注目が集まっている。第三次人工知能ブームが到来したという声も聞く。ビッグデータ処理が人力の限界を超え、必要性と期待が高まったせいもあるが、それだけではない。ビッグデータと人工知能とのあいだには、工学的にみて本質的な関連性があるのだ。両者は今後、一体不可分の技術になっていくだろう。

この点を語る準備として、コンピュータ工学におけるパターン認識と機械学習という分野の特色につき簡単にコメントしておかなくてはならない。そして、この分野におけるブレイクスルーとして今、さかんに脚光をあびている「深層学習（Deep Learning）」について述べていこう。

画像や音声を自動的に認知分類する「パターン認識」の技術は、二〇世紀後半から試みられているものの、コンピュータにとって苦手な分野として知られていた。なぜなら、もともとコンピュータは厳密な論理処理を正確におこなう機械なのに、パターン認識とは、あいまいな対象を、多少のミスがあっても大ざっぱに識別し分類する作業だからである。言葉にせよ写真にせよ、人間はおよその見当で処理するのだが、厳密を旨とするコンピュータにこの作業をやらせるためには工夫がいる。

第一次と第二次の人工知能ブームのキーワードがそれぞれ「論理」と「知識」だったとすれば、第三次人工知能ブームのキーワードは「統計（ならびに学習）」である。つまり、データを統計的に処理することによって、パターンを認識し分類してしまおうというわけだ。

実はここには「トリック」がある。

人間の知識にはあいまいさが含まれるので、厳密な論理とは相性が悪い。それが第二次人工知能ブームにおいて根本的難問となったことは、すでにのべた通りである。具体的にはたとえば、機械翻訳をおこなおうとすると、文法と語彙知識だけでは原文における多義語の訳語を決定できない。コンピュータは意味を解釈できないので文脈を読めないのだ。

それなら、用例をたくさん集め、統計処理して使用頻度や共起関係で比べれば、そこそこ適切な訳語を選べるのではないか、という考え方が、一九九〇年代あたりからにわかに盛んになってきた。

たとえば、「blow」という単語の近くに「wind」があれば、訳語は「風が吹くこと」で「打撃」ではない、と判断するのである。こういった方法は「コーパス(用例)」ベースの自然言語処理として、今では主流になっている。コンピュータは風のことなど何ひとつ知らないが、二つの単語の共起頻度つまり相関の高さなどから訳語を決めるのだ。

こういうアプローチが、前章でのべたビッグデータ分析と酷似していることは明らかだろう。咳止《せきど》め薬の検索回数とインフルエンザの患者数のあいだに高い相関があることから、ある地域でのインフルエンザ流行の発生を予測したことが、ビッグデータの有名な成功例である。新たな人工知能の発想も、同じく、データの統計的な相関関係の分析をベースにしている。統計処理にもとづく分類によって、パターンを認識するわけである。

統計処理にもとづく分類を実行するには、まず、「学習」によって内部パラメータ値を調整しなくてはならない。だからパターン認識システムは通常、「機械学習」システムと呼ばれる。画像にせよ言語テキストにせよ、それらを認識するシステムは、白紙の状態からスタートして、まず大量の訓練データをもとに学習をおこない、訓練データ相互の相関関係により内部パラメータ値を定める。そうして現実のパターン分類作業をおこなうのである。

郵便番号の認識システムもこのようなやり方で稼働している。たとえば、数字の「4」の手書き文字は細かく見ると千差万別だが、画像パターンとしては「下部に交点がある」といった類似点がある。統計処理の結果、標準的な字体の揺れには対応できるようになるわけだ。

さて、「トリック」と述べたのは、こういうアプローチのもとでは、厳密な論理処理からの逸脱が巧みに隠されてしまうからである。前述のようにコンピュータとは本来、正確な思考を実現するための論理機械として誕生した。そして厳密な論理とあいまいな知識の矛盾のため挫折したのが第二次人工知能ブームだった。

だから、あえていえば、もう厳密論理の徹底はあきらめ、「大体あっていればいいだろう？」と居直ったことが、第三次人工知能ブームへの道をひらいたのである。ここでビッグデータの三特徴「全件処理」「質より量」「因果から相関へ」を思いだせば、ビッグデータと人工知能の密接な関連が分かるだろう。

統計学や確率論というのは数学のなかでは少々変わった分野である。大半の数学は演繹にもとづいており、あくまで厳密な論理的正確さを追求する。だが、統計や確率の分野では、理論そのものはむろん正確かつ厳密であっても、それを現実の場面で応用すると、結果的にあいまいで不確かな結論をみちびいてしまう。時々「〇年以内に地震がおきる確率は△パーセント」「明日の降水確率は□パーセント」といったニュースがマスコミから流れてくる。これらはさまざまな前提や仮定にもとづく結論だが、それらがみたされるとは限らないので、つねに当てになるわけではない。

むろん、未来だけでなく、人間にとって未知のことは幾らでもあるから、何らかの見当をつけて対処せざるをえないし、統計や確率の理論にもとづく推定の有効性にケチをつけるつもりはない。だが、あえて意地の悪い言い方をすれば、統計処理とは、本質的に未知な対象についての記述を、いかにも科学的厳密性をもつように見せかけるもの、とも言えるのだ。

医者の診断のベースとなる医学的知識も、基本的に症例データの統計処理にもとづいている。ある薬を投与すればこれだけの効果があると言っても、個人差もあるし、科学的根拠とされている治験データが無作為抽出という統計理論の前提をみたしている保証はない。さらに、患者の症例からの病名診断は、第一章でのべた「仮説推量（アブダクション）」だから、演繹でえられた結論のような絶対的確実性はないのである。

例をあげよう。統計処理にもとづく人工知能技術のなかに「ベイズ推定」とよばれる方法がある。これは実用化された機械学習のなかの代表格で、クルマの自動運転技術への応用などが検討されている。実はこのベイズ推定は、あやふやな仮説推量をもう少し精密にしたものと位置づけることもできるのだ。これの内容を眺めると、第三次人工知能の本質がわかってくる。

ベイズ推定とは、確率論を現実問題に適用するための方法である。「あした嵐がくる確率」といっても、よく考えるとその正しさは確かめようがない。客観的な確率とは本来、同一の状況が無限に繰り返されるとき所与の事象（嵐など）が生起する相対頻度なのだが、そんな値は計算できないからだ。

そこでエイヤと見当をつけ、主観的な「事前確率」というものを設定する。そして、関連するデータを集め、データにもとづいて事前確率を修正し「事後確率」を求める。関連するデータというのは「夕方に黒雲が出た」といった類いである。そして新たにこの事後確率を「事前確率」として定義し直す。こういった操作を繰り返して、次第に「あした嵐がくる確率」の推定の正しさを増していこうというのがベイズ推定なわけだ。

たとえば、事前確率の初期値を〇・五としよう。空を見ると黒雲が出てきた。これまでの経験で、一般に黒雲が出る確率（相対頻度）は〇・四だが、嵐が来た日の前日に黒雲が出た確率（相対頻度）は〇・六だった。このとき、事後確率を計算すると、(0.6÷0.4)×0.50 = 0.75つまり七五パーセントとなる。これは数学的なベイズの定理にもとづく計算結果だが[8]、要するに、予測の確率は「黒雲が出ると翌日に嵐がくる可能性が高い」などの経験データによって徐々に修正されていくのである。

一般にベイズ推定は、データを収集しながら問題となる事象がおきる確率を推定していこうという実践的な方法であり、うまく行けばかなり正確な推定ができるだろう。クルマの自動運転では、センサーからの画像データにもとづき、一秒に計算を何万回以上も繰り返して、位置情報を推定している。とはいえ、ベイズ推定でいう「確率」は、いわゆる数学的・客観的な厳密性を持っているわけではない。この点には注意が肝心だ。

さてここで、前章でのべた咳止め薬の検索回数とインフルエンザ流行の例を思いだそう。

病院にきた患者が咳をしているので、医者がインフルエンザだと診断したとする。言うまでもなく、これは仮説推量であり、誤診の可能性もある（患者は肺炎や、ただの風邪かもしれない）。

ところで、この仮説推量（アブダクション）操作は、「患者がインフルエンザだ」という事前確率を、「患者が咳をしている」というデータにもとづいて修正して事後確率をもとめる、というベイズ推定に類似していないだろうか。実際、「一般に患者が咳をする確率」と「インフルエンザのとき患者が咳をする確率」がわかれば、ベイズ推定は可能なのだ。

このように、ここでいう人工知能とは、人間がやっているパターン認識をデータの統計処理で置き換えたもの、と言ってよいのである。

深層学習とは何か

「深層学習（Deep Learning）」とは、右にのべたような、パターン認識のための機械学習の一種に他ならない。それは二つの特徴をもっている。

第一に、「ニューラルネット（神経細胞網）」と呼ばれるモデルを用いているということだ。人間の脳には数百億個以上ものニューロン（神経細胞）があり、互いにシナプス経由で結合されている。シナプスがニューロン同士の結合強度をつかさどる。あるニューロンが発火して電気刺激を発生するのは、これにつながったニューロン群から電気刺激を受け、その総和が閾値《いきち》を超えたときである。われわれの頭のなかでは常に、多様な発火パターンが寄せては返す波のようにダイナミックに生じている。

コンピュータでこれを模擬するのがニューラルネットだ。それは幾つかの層から構成されており、一つの層に多数のノード（人工ニューロン）があって、それぞれがニューロンに対応している。ある層のノード群と隣接した層のノード群とはリンクで連結されているが、これに重み係数がついている。重み係数の大きさはシナプスの強度に対応し、ニューロン同士のつながりの強さを表す（図2と図3）。人間の場合、学習によってシナプスの強度が変化し記憶が形成されるが、これと同様に、ニューラルネットの機械学習においても、学習によっ

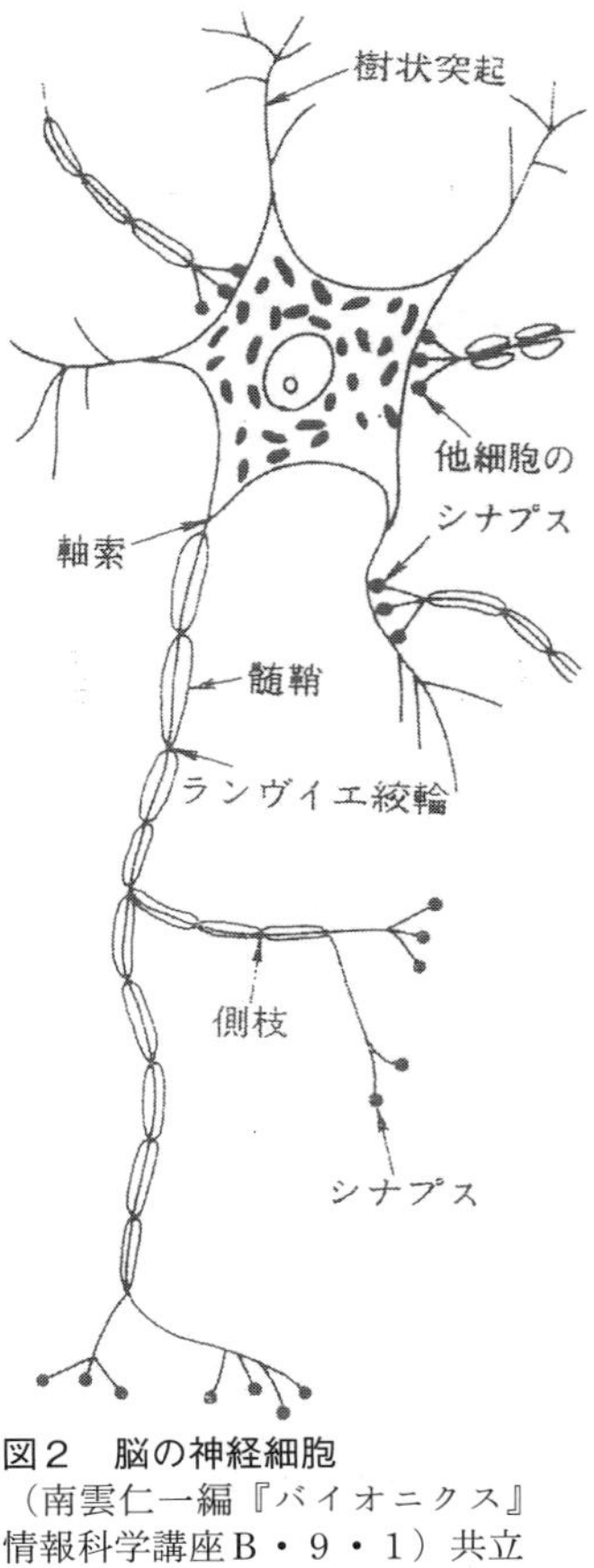

図２　脳の神経細胞
（南雲仁一編『バイオニクス』情報科学講座Ｂ・９・１）共立出版，1968 年

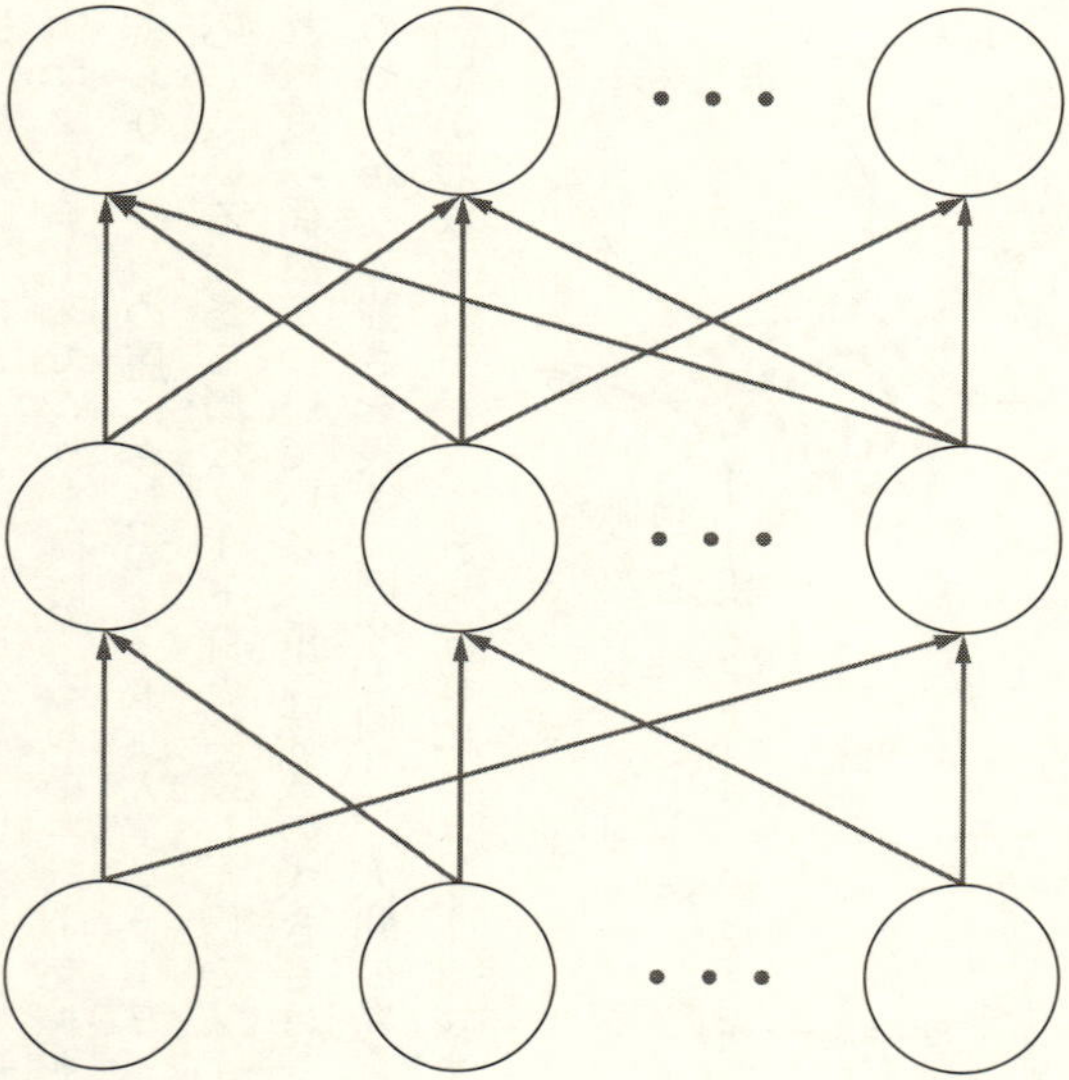

図3　ニューラルネット・モデル

て内部パラメータである重み係数が調節されていくのである。

さて、ニューラルネットを用いる人工知能研究は「コネクショニズム」といって、とくに新しいわけではない。古くは一九六〇年代に「パーセプトロン」というモデルが現れた。当初は入力層と出力層の二つだけだったが、八〇年代になると中間層をいれてパターン認識能力をあげる多層モデルも提案された。脳と構造が似ているモデルであり、折からの第二次人工知能ブームもあってかなり評判になった。だが、効率が悪いなどの技術的困難があり、ほとんど実用にならなかったのである。

ところが、ニューラルネットの研究自体はその後も地道に進められており、二〇一二年、一挙に世界の注目を集めることになったのだ。この年、トロント大学のジェフリー・ヒントンのチームが開発した新しい機械学習システムが、画像認識の国際競技大会で他のチームを引き離し、圧倒的な勝利をおさめたのである。これが深層学習というアプローチだった。いちはやくグーグル、マイクロソフト、IBMといった巨大資本が抜け目なく動きだし、とりわけグーグル社のチームが同年に発表した「グーグルの猫認識」は、ユーチューブの一〇〇〇万の動画から自動的に猫の顔を認識したことで、マスコミの大きな話題となった。第三次人工知能ブームは、深層学習を中心に巻き起こったのである[9]。

機械学習にブレイクスルーをもたらし、ニューラルネット・モデル実用化の期待をふくらませた深層学習とはどういうものだろうか？——ここで、その第二の特徴である「特徴量設計の自動化」を指摘しなくてはならない。

機械学習システムでパターン認識をするとき、成功の鍵をにぎるのは、対象となるパターンの特徴のとらえ方である。たとえば、手書き数字の「4」なら、左側の斜め線と下部の十文字交点などが特徴量の候補となる。これまでの機械学習では普通、こういう「特徴量」を人間が設計し、コンピュータにあらかじめ教え込んでおく。その上で、もし機械学習システムが誤った答えを出力した場合は、正解を出力するように内部パラメータを調節していくのである。人間の仕事である特徴量設計がまずいと、機械学習はうまくいかず、パターン認識効率は低下してしまう。

ところが、深層学習においては、特徴量設計は一切不要なのだ。コンピュータがみずから自動的に、対象パターンの特徴を抽出してしまう——少なくとも、そのように見えるのである。これが機械学習研究にとって巨大なブレイクスルーだったことは間違いない。

特徴量自動抽出はいかにして可能となったのだろうか。機械がパターンの特徴をつかむとはまったく不思議な気がするが、種をあかせば神秘的でも何でもない。ここで活用されているのは、「自己符号化（auto-encoding）」という技術である。

通常の機械学習では、入力パターンをコンピュータが分析し、えられた出力パターン（識別結果）を「正解」と比較し、その差にもとづいて内部パラメータ値を調節する。だが、深層学習では、えられた出力パターンをもとの入力パターンと比較し、その差異を減らすように内部パラメータ調節をおこなうのだ。パターンを復元できるように学習するので「自己符号化」というのである。[10]

深層学習では、このようにニューラルネットの入力層と出力層が同一なのだ。両者のあいだに「隠れ層」という中間層があるが、そのノード数は入力層より小さく内部パラメータ数が少ない。これはいったいどういうことだろうか？——要するに、「少数の内部パラメータによって、もとのパターンを復元する」ということに他ならない。

ここに深層学習の秘密がある。たとえば手書き文字の「4」には、多種多様な書き方がある。だが、それらの画像パターンをたくさん比較すると、共通の性質が浮かびあがってくるはずだ。画像を細かく画素に分解し、各位置の白黒データの相関を計算すると、「4」と書かれた多くの画像データ群について、「このあたりが黒い」といった共通の統計的性質が浮かびあがる。これこそ「4」という手書き文字の特徴量に他ならない。

つまり、「少数の内部パラメータによって、もとのパターンを復元する」という処理は、統計計算によるパターンの限定操作であり、この操作こそが特徴量自動抽出なのだ。

実際の深層学習においては、多段の層を重ねて右の処理がくりかえされる。まず、第一ステップの学習が終わると、中間の隠れ層には、抽出された内部パラメータ値が特徴量として反映されている。次に第二ステップでは、この隠れ層を入力層として、さらに少数のノードからなる隠れ層における学習をおこなう。さらに第三ステップでは第二ステップにおける隠れ層を入力層として……というわけだ。こうしてステップをのぼっていくと、やがて高次の特徴量をあらわす内部パラメータ値が出現する、という仕掛けである。このように多段の層を深く重ねていくことから「深層学習」と呼ばれるのだ（図4）。

以上が深層学習の種明かしである。なかなか巧妙な方法ではないだろうか。パターン認識技術におけるブレイクスルーとして、特筆すべき進歩と言ってよい。

ただし、これはあくまで、理論上のモデルだったニューラルネットを現実の工学的問題に

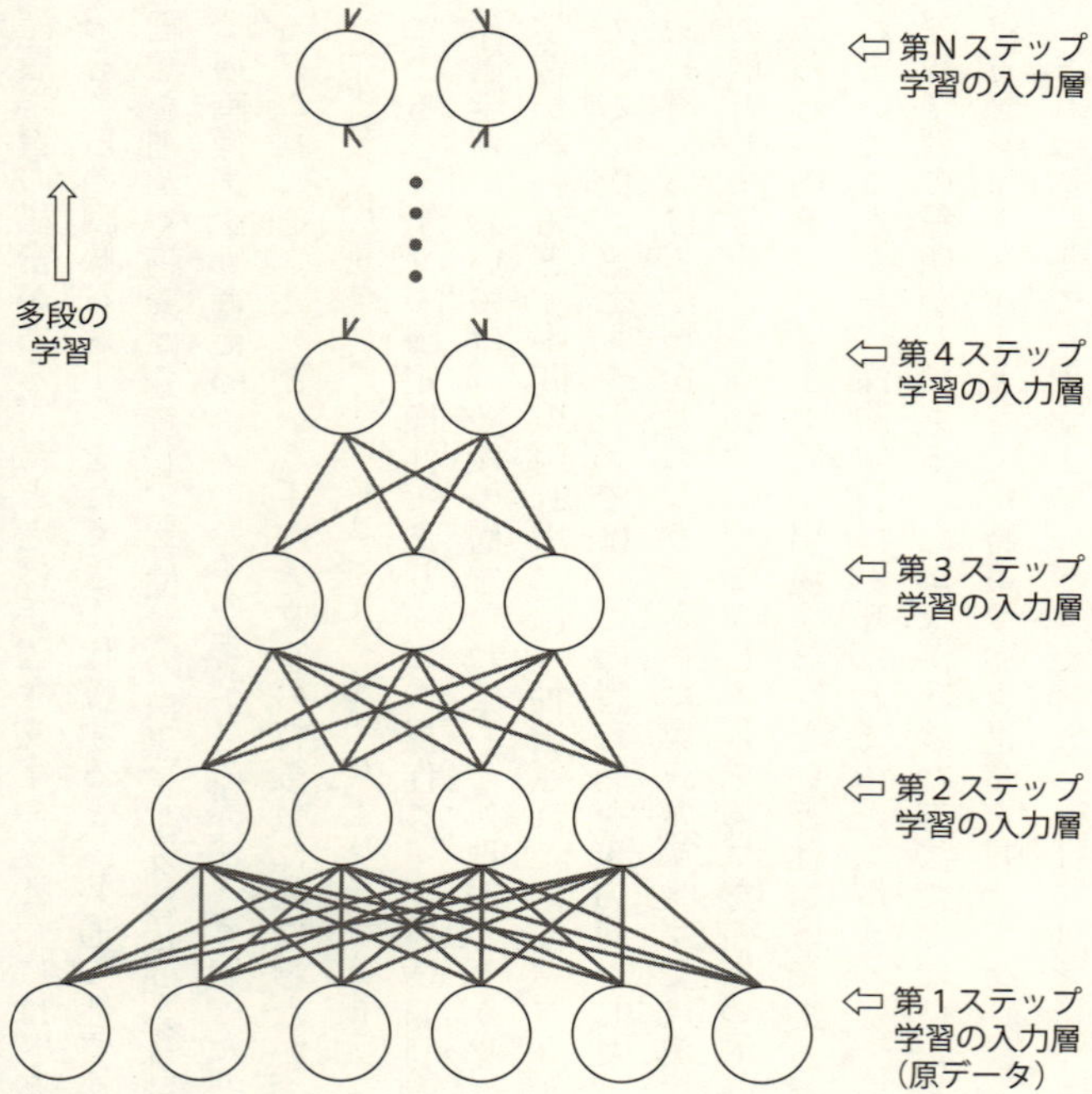

第Nステップ学習の入力層＝第（N−1）ステップ学習の隠れ層
（N＝2, 3, 4……）

図4　深層学習のニューラルネット・モデル

適用する方途をひらいた、という功績である。理論的には、自己符号化という方法もかなり昔から知られていた。脳を数学的モデルによって分析する数理脳科学という分野の研究は、半世紀以上前からさかんにおこなわれている。私が卒業した学科には、その先端的研究ととりくむ研究室があったものである。[11]

だから、端的にいうと深層学習の工学的成功は、コンピュータの高性能化がもたらしたもの、といっても過言ではない。一〇〇〇万の動画をあつかったグーグルの猫認識においては、一〇〇〇台のコンピュータ（一万六〇〇〇台の高性能連結プロセッサ）を三日間はしらせ、膨大な学習をおこなったと聞く。とくに深層学習において有効なのは、わざと大量のノイズ（雑音）をいれ、歪んだパターンを処理する学習をさせることだったと言われる。

そうなると、一〇〇〇万の画像データといっても、実際に処理した画像データはその何千倍以上にのぼるだろう。途方もない分量のデータだ。そのような学習処理をしないと、現実の要求にたえるロバスト（強靭《きょうじん》）なパターン認識技術にはならないのである。これほどの計算量をこなすには、クラウド・コンピューティングをはじめ最新のコンピュータ技術を欠かすことはできない。

以上のべたように、深層学習を中心とする第三次人工知能ブームは統計処理をベースとしており、そもそもビッグデータと密接不可分な関係なのである。

汎用人工知能へのハードル

深層学習によって機械学習の精度があがり、パターン認識の能力が向上したことは朗報である。ビッグデータ分析にも応用できるだろう。だが、今の第三次人工知能ブームは地味な工学的成功だけで満足してはいない。マスコミによって、もっと巨大な野心が喧伝されている。そこには、文字通り「人間のような知能をもつコンピュータ」が近々実現するのではないか、という怪しげな幻想が渦巻いているのだ。

いま実用化されている人工知能技術は、すべて「専用人工知能」である。機械翻訳にせよ、掃除ロボットにせよ、将棋ソフトにせよ、何らかの特定目的のためのもので、それ以外には役に立たない。だが、人工知能が「人間のような知能」をもつとすれば、どんな目的も達成できなくてはならないはずだろう。そういう夢のような人工知能には、「汎用人工知能(Artificial General Intelligence／AGI)」という名前がついている。

深層学習によって汎用人工知能(AGI)ができる、いや、少なくともそのための道が開けた、と楽天的に述べる研究者は少なくない。その根拠は、深層学習のもつ特徴量抽出機能にある。パターンの特徴を自動的につかめる、ということから、人工知能が「概念獲得」に成功したと大胆にも主張するのである。

もし人間社会で通用する概念を、本当にコンピュータが把握できるとなれば、これは驚くべき大事件だ。これまで、人工知能の自然言語を処理する人工知能は、言葉の「意味」を理解できなくて悩んできた。たとえ英日機械翻訳プログラムが「John saw a cat.」を「ジョンは猫を見た」と訳したところで、これは単に記号の置換操作をしているだけで、コンピュータのなかに猫のイメージがあるわけではない。だから文脈を把握するのが困難だったのだ。「猫」という記号と、それが表すあの「可愛《かわい》い四つ足の動物」という意味内容をいかに関連づけるか、この難問こそ、すでにふれた「記号接地問題」に他ならない。コンピュータのなかの記号を意味の地平に接地させる問題ということである。

だが一部の楽天的な機械学習研究者たちは、コンピュータは今や、動画データを分析して「猫」の特徴をつかみ、「猫」という〝概念〟を学習することに成功したと断言するのだ。猫だけでなく、犬でもヨットでも家でも、その概念を学習できるのだから、やがて英語や日本語の文章の意味を理解できるようになる日も遠くない、と彼らは語る。とすれば、記号接地問題など、すでに解決しているも同然だ。コンピュータのなかの猫という概念に、ただ「cat」とか「猫」とかいうレッテルを貼ればよいのだから。こうして、機械翻訳が万能になり、外国語学習で苦労する必要などなくなる、という軽薄千万な議論さえ登場するにいたる。

楽観論はそれだけではない。さらに記号接地問題とならぶ人工知能の難問である「フレーム問題」も、深層学習によって解決にむかうはずだ、という声さえも聞こえてくる。――なぜなら、人工知能はものすごい速度で概念を学び、知識を学習していくだろう。必要な知識を駆使できないことがフレーム問題をもたらしたとすれば、やがて問題はなくなるのではないか。それに、深層学習は自動的にパターンの本質的特徴をとらえるのだから、とくべき問題の本質も把握できるはず——というわけだ。

残念ながら、このような楽観論は完全に的外れである。深層学習はパターン認識技術のブレイクスルーではあるが、それによって汎用人工知能が近々出現するなどという飛躍した議論は説得力をもたない。自分の研究分野の希望を語るのはよいとしても、針小棒大の度がすぎると、研究予算獲得用のさもしい戦略に見えてしまう。浅薄な楽天主義に酔って開発方針をまちがえると、大金をドブに捨てる結果におわるだろう。失敗は目に見えている。

汎用人工知能が実現困難であり、専用人工知能に特化すべき理由については次章以下で詳しくのべていく。ここではとりあえず、幾つかの問題点を指摘するにとどめよう。

まず、深層学習でコンピュータが獲得する〝概念〟は、人間社会で通用する概念とぴったり一致するとは限らない、という点は肝心だ。統計処理で特徴を取り出しただけだから、何だか奇妙なパターン分類をしてしまう可能性も十分ある。だから、人間の目的に合致したパターン分類をするように、内部パラメータ値をうまく調節しなくてはならない。その意味では、事前の特徴設計は無くなったが、事後の後始末に厄介な手がかかることになる。

概念獲得の問題は、さらに深い誤解とむすびついている。そもそも、人間の扱う概念とは絶対的なものではないのだ。言語学的にいうと、唯一絶対的な概念が存在して、これに「猫」とか「cat」とかいうレッテルが貼られている、というのは初歩的な誤りである。これこそ言語学者ソシュールが力説したことではないか……。

言語の恣意性とは、絶対概念に勝手なレッテル（記号表現＝シニフィアン）を貼れる、ということではない。日本語にせよ、英語にせよ、フランス語にせよ、それぞれの言語において概念の分類の仕方は異なる、ということなのである[12]。だから、厳密にいうと、「猫」と「cat」と「chat」のあらわす意味（記号内容＝シニフィエ）は相互に異なる。これは日本語の「猫」と英語の「cat」とフランス語の「chat」の使い方が、それぞれ微妙に違うことに対応している。そんな違いなど無視できると考えてはいけない。たとえば、生物学的には同一の魚が、日本語では「ハマチ」とか「ブリ」とか呼ばれ、スーパーマーケットで別の扱いをされているではないか。こういった例をあげれば際限がない。人間のあつかう概念とはそういうものなのである。

深層学習で対象物をコンピュータが〝概念〟として識別するから、これと記号を結べば記号接地問題が解決する、などというのは、近代言語学の否定である。いやそれどころか、二〇世紀構造主義にもとづく現代思想の全体を踏みにじる暴論に他ならないのだ。

次にフレーム問題に進もう。

仮にコンピュータが概念を把握して知識を得れば、はたしてフレーム問題は解決するだろうか？——否である。フレーム問題の困難さとは、知識の不足というより、むしろ問題を枠づけ、当面の目的に関連する知識を選びだして利用することの難しさである。それはつまり、目的にあわせて問題を設定することの難しさに他ならない。

一方、深層学習の得意技とは、パターン分類という目的があたえられたときに、それを効率よくなしとげる解決能力だろう。コンピュータがおこなっている処理の実体は、データの高速統計処理だけなのだ。とすれば、深層学習でフレーム問題が解決されるというのは、あまりに根拠がなさすぎる。文脈とはそもそも、人間が生きる上での必要性から出てくるものではないか……。

これに対しては、反論が出てくるかもしれない。人間の脳にしても、おこなっているのは所詮、ニューロンにおける統計処理だろう、というわけだ。汎用人工知能（AGI）の可能性における核心的な議論が、ここであらわれてくる。ニューラルネットというモデルは、その構造が人間の脳神経系に似ている。だからその作動は人間の脳の作動に近いものとなり、やがては汎用人工知能を実現できるはずだ、という意見が出てくるのである。この意見に賛同するコネクショニズム信奉者は少なくない。

とはいえ、深層学習に関するかぎり、この意見に対してさらに反論があらわれるのは当然だろう。構造が類似しているといっても、深層学習のソフトウェア・モデルは複雑精妙な脳のメカニズムをかなり単純化した、一種の粗っぽいシミュレーション・モデルにすぎない。層による学習を重ねていき、高次の特徴量を求めていくと、やがて対象物そのものを認識する少数のノード（人工ニューロン）が出現する、と主張する研究者もいる。だが、人間の本物の脳神経系に、はたしてそういう神経細胞が存在するのか、というとまだ定説はない[13]。理論的には、動物の脳の視覚野のはたらきと深層学習メカニズムとの関係は興味深いものだ。だが率直にいって私には、深層学習が模擬するのは人間の脳のメカニズムのごく一部にすぎないと思われる[14]。

他方、汎用人工知能がひらく未来を強力に鼓吹する人々も少なくない。次章ではこれについて述べていこう。

第三章　人工知能が人間を超える!?

3・1　シンギュラリティ狂騒曲

技術的特異点二〇四五年

二〇一〇年代半ばに入って、「シンギュラリティ（技術的特異点）」という言葉がしきりに話題にのぼるようになった。どうやら人工知能と関連が深そうなのだが、いったい何のことだろうか？

特異点とはなにか。テクノロジーが急速に変化し、それにより甚大な影響がもたらされ、人間の生活が後戻りできないほどに変容してしまうような、来るべき未来のことだ。（中略）特異点に到達すれば、われわれの生物的な身体と脳が抱える限界を超えることが可能になり、運命を超えた力を手にすることになる。死という宿命も思うままにでき、好きなだけ長く生きることができるだろう。（中略）特異点とは、われわれの生物としての思考と存在が、みずからの作りだしたテクノロジーと融合する臨界点であり、その世界は、依然として人間的ではあっても生物としての基盤を超越している。特異点以後の世界では、人間と機械、物理的な現実とヴァーチャル・リアリティとの間には、区別が存在しない。(1)

未来学者レイ・カーツワイルが書いたこの文章を真正面から受けとれば、納得することは難しい。人工知能の能力が爆発的に上昇して、しかも、「不死」が可能となるシンギュラリティが来るのは、それほど遠い未来でもない二〇四五年だというのだ……。「馬鹿馬鹿しい」と笑い飛ばしたくなるが、この意見はカーツワイルの独創というより、それなりの系譜や背景をもったものでもある。

シンギュラリティという言葉を言い出したのはカーツワイルではない。それは数学者でありSF（サイエンス・フィクション）作家でもあるヴァーナー・ヴィンジという人物が、一九九三年におこなった講演のタイトルなのである。カーツワイルが『ポスト・ヒューマン誕生』で右の予言をしたのは二〇〇五年なので、それよりかなり早い。

ただし、ヴィンジによるシンギュラリティという概念は、カーツワイルによるものとは少し違っている。それは、人間より優れた知性がコンピュータに宿ることで、それ以後、世界の様子がわれわれ人間にはまったく理解不能になるという、ある意味ではぞっとするような転換点なのだ。SF作家らしいイメージだと言えるかもしれない。地上でもっとも知能の高い存在は人間だが、さらにもっと知能の高い存在が出現すれば、その行動は知能の低いわれわれには推測不能になるだろう、というわけだ[2]。

こういった発言は、ヴィンジだけでなく、「トランス・ヒューマニスト」と呼ばれる一群の人々の間ではありふれたものである。仲間のなかには、SF作家だけでなく、科学者やエンジニアもいる。彼らは科学技術進歩の信奉者で、「人間（ヒューマン）を超えた（トランス）存在」について熱く語りたがるのだ。たとえば、ヴィンジがふまえているのは英国の数学者アーヴィング・J・グッドが一九六五年に提唱した「知能爆発」という、ひろく知られた概念なのである。ほかにも、二〇世紀前半には英国の生物学者ジョン・ホールデンが有名だし、二〇世紀後半には人工知能研究者のハンス・モラヴェックがトンデモ本『電脳生物たち』などで話題をあつめた。このほかにも、「神のような機械」の実現をめぐって地上で大戦争が起きる、などと広言する人工知能学者ヒューゴ・デ・ガリスもいる。トランス・ヒューマニストの著書は誇大妄想じみているが、SFファンや未来主義者たちにはなかなか人気がある。それらを挙げていけば際限がない。

私はといえば、こういった書物に興味をひかれた少年の日々はすでに遠く去ってしまった。今では、科学技術進歩のプラス面ばかりを強調するのは、およそ汚染され衰退していく生命環境を無視した、二一世紀にはそぐわない古臭い思想だと思っている。科学技術の有効活用のためには、科学技術万能の幼稚な楽観主義ではなく、むしろ成熟した多様な知恵が絶対に必要なのだ。

トランス・ヒューマニストたちが皆、楽観主義者というわけではない。だが、カーツワイルはまちがいなく折り紙付きの楽観主義者である。端的にいえば、ヴィンジが予告したシンギュラリティ以後の見通せない闇を、カーツワイルは明るいバラ色の光明で塗りかえてしまったのである。そして、困ったことに今では、カーツワイルの未来予測図のほうが圧倒的な影響力をもっている。そこでは、前章でのべた汎用人工知能（Artificial General Intelligence／AGI）はもちろん、人間の知能をはるかにしのぐ「超人工知能（Artificial Super Intelligence／ASI）」の出現が当然のこととされているのだ。

将棋とか機械翻訳とか、用途がきまっている専用人工知能は、研究者のあいだでは通常「弱い（weak）AI」と呼ばれる。または、人間活動の特定分野の知能を増強するということから、「IA（Intelligence Amplifier）」と呼ばれることもある。一方、汎用人工知能（AGI）や、さらにそれを上回る超人工知能（ASI）は、「強い（strong）AI」と呼ばれることが多い。(3)

「弱いAI」はすでに実用化されているものも少なくないが、「強いAI」はまだ地上に出現していない。というのは、強いAIは普通、人間のような「意識」や「精神」をもっていると考えられているからだ。だが、およそ「意識とは何か？」は、これまた哲学的な難問で、たやすく答えは出てこない。だから、もう何十年も前から、強いAIの実現可能性をめぐって、はげしい論争がつづいてきたのである。

カーツワイルは、そういう哲学論争にあまり深入りしようとはしない。彼の議論の内容はほとんど科学技術的なものだ。哲学の分野は、科学や工学から遠いと考えているからかもしれない。[4] あくまで科学技術の発展を根拠に、近々、シンギュラリティが生起すると述べるのである。

それにしても、いったい、なぜ二〇四五年なのだろうか。カーツワイルの議論においては、経験的事実と未来予測がいりまじっているので詳細は明確ではないが、基本的には「工学技術は指数関数的に進歩向上していく」という信念が根拠となっている。

指数関数的増大というのは、年ごとに倍々に増えていく、といった増え方のことだ。たとえばよく知られている「ムーアの法則」は「コンピュータの一つの集積回路の半導体素子数は一年半ごとに倍になる」という経験則である。計算すると、一〇年後に約一〇〇倍、二〇年後には約一万倍と急激に伸びていく。つまり、ある点をこえると爆発的に増大していくのだ。カーツワイルは、ムーアの法則のような性質が生物の進化や文明の技術的進歩にもあり、これを「収穫加速の法則（Law Of Accelerating Returns／LOAR）」と名づけている。そして、とくに人間の脳の処理能力を、発展していくコンピュータの処理能力と比較した結果、二〇四五年という数字をはじきだしたのである。

人工知能が学習する

カーツワイルがシンギュラリティ予言をおこなったのは二〇〇五年だが、当初はそれほど周囲の注目をひかなかった。

これは当然のことと言える。何しろ、収穫加速の法則（LOAR）からすべてを導きだし、「不死」まで導きだす論法はあまりに粗雑すぎる。荒唐無稽《こうとうむけい》といってもいい。ムーアの法則の拡大解釈といっても、度が過ぎている。カーツワイルはコンピュータ工学だけでなく、遺伝子工学、ナノテクノロジー、ロボティクスの発展も考慮にいれているが、それらはまだ実用化されていない未来技術がほとんどだ。だから、相変わらずのトランス・ヒューマニストのたわごととして、マスコミには相手にされなかったのである。

だが、二〇一〇年代に入って、シンギュラリティ問題はにわかに脚光を浴びはじめた。これは、前章でのべた深層学習の成功がきっかけと言ってまちがいない。

つまりこういうことだ。深層学習によって、これまでコンピュータの不得意分野だったパターン認識を攻略する糸口が見つかった。さらにそれだけでなく、「機械がみずから学習し、賢くなっていく」という自己学習の可能性が浮上してきたのである。もし、機械が学習できるなら、賢くなった機械が自分よりさらに賢い機械をつくり出す、という多重学習効果を期待したくなる。

プログラムを書くプログラムという技術はすでに存在しているから、これはその発展形だ。

そうなると、カーツワイルが収穫加速の法則（LOAR）とよぶ指数関数的な急激進歩も、にわかに現実味をおびてくるではないか。カーツワイルは、商業や製造業における革新競争によって指数関数的な進歩がもたらされるというが、深層学習はこの考えに技術的な裏づけをあたえた、とも言えるのである。

とはいえ、前章で念をおしたように、深層学習で人工知能が獲得する「概念」らしきものは、人間社会で通用している概念とぴったり一致するとは限らない。だから、そういう人工知能が自分の「知識（knowledge）」をもとにさらに自動的な学習を重ねていけば「賢くなる」といっても、その内容には大きな疑問符がつく。「賢い」というのは人間が生きる上での知恵（wisdom）があるということだが、人工知能は知恵とは逆のとんでもない方向に突っ走るかもしれないのだ。この問題は、次章以下で引き続き述べることにしよう。

ともかく、機械学習技術の革新は、シンギュラリティ仮説の信奉者にとっては朗報だったのである。それだけではない。次に、深層学習で用いられているニューラルネット・モデルが、人間の脳神経系の構造に近いモデルだということも、多重学習とならんで大切なポイントである。

深層学習が人々にアピールした理由は、それが単にパターン認識の精度を向上させたからではなく、脳のモデルであり、脳に近い働きをしているという印象をあたえたからである。もしコンピュータのなかに人間の脳の機能を作りこむことができるなら、意識をもった「強いAI」もできないはずはない。これこそ汎用人工知能への王道だ……というわけだ。

確かに人間の脳は学習していく。こうして脳科学と人工知能技術との結合こそが、シンギュラリティ仮説を支持すると受け止められたのである。

カーツワイルは実際、脳の「リバース・エンジニアリング」というアプローチを提案している。これは、脳のなかをのぞき込んで、作動のありさまを分析し、その結果をコンピュータ上にモデルとして再現する、というものだ。いわば、脳活動のシミュレーションである。そのためには、脳画像を解析するだけでなく、脳を空間的・時間的にスキャンして、脳活動を詳細に分析する技術が必要になる。こういった技術はまだ開発途上にあるが、カーツワイルの見通しはあくまで楽天的だ。

そしてさらに進んで、「マインド・アップローディング」さえも可能になるだろうとカーツワイルは言《こと》あげする。リバース・エンジニアリングは人間の脳の一般的シミュレーション・モデルの構築にすぎないが、マインド・アップローディングはある特定の人物の脳の生理学的な特徴をすべてスキャンし、コンピュータ基板の上に詳細に再現しようという、恐るべき野心的な企てに他ならない。

「その人の、人格、記憶、技能、歴史の全《すべ》てが取り込まれる(5)」と、カーツワイルは臆面もなく言い放つ。あの「人間が不死になる」というトンデモ発言も、マインド・アップローディングによって描きだされるイメージから来ているのだ。たとえば私の脳をどこかのコンピュータにアップロードしておけば、コピーを繰り返すことで、西垣通は永遠に生きつづけることになるというのか……。

まあ、私にかぎらず、そんなことは夢物語にすぎないと思う人が大半だろう。ただし、脳科学と人工知能をむすぶ研究が強力に推進されていること、そしてそれが、シンギュラリティ仮説のマスコミの扱いに大きく影響していることは確かである。その証拠に、巨大なプロジェクトがあちこちで開始されている。いくつか例をあげてみよう。

深層学習と関連が深いのは、米国プリンストン大学のセバスチャン・スンによる「コネクトーム」の研究である。これはシナプス経由の神経細胞（ニューロン）の結合のありさまをコンピュータで実現すること、つまり脳神経のネットワーク地図の作成に他ならない。これまでに作られたのはせいぜい三〇〇個ていどの神経細胞をもつ線虫のコネクトームだが、今後は約一〇〇〇億個の神経細胞からなる人間の脳のコネクトーム作成が目標になっており、グーグル社がそれを支援しているという(6)。

一方、欧州では少々違うアプローチが試みられている。生物の神経細胞は、これを単純化したニューラルネットのノードとは違って、生理学的にずっと精妙な構造と機能をもっている。そこで脳機能を実現するには、より細かい、分子の化学反応レベルでのシミュレーションが必要だ、とスイス連邦工科大学のヘンリー・マークラムは主張する。マークラムが率いる全脳シミュレーション計画「ヒューマン・ブレイン・プロジェクト」は、予算規模は一二億ユーロ、EUがスポンサーで、二〇一三年からの一〇年計画である。

コネクトームやヒューマン・ブレイン・プロジェクトは、従来のフォン・ノイマン型コンピュータのハードウェアを用いたソフトウェア・シミュレーションなのだが、一方、神経細胞を模擬するまったく新しい半導体チップである「ニューロモルフィック・チップ」を開発して脳機能を模擬しようという計画もある。代表格は、米国国防総省の資金援助をうけ、二〇〇〇年代末からIBM社が進めている「シナプス（SyNAPSE）計画」だ。すでに二〇一四年、トゥルーノース（TrueNorth）という名の新チップを発表している。トゥルーノースを搭載したボードには、一六〇〇万個のプログラミングできる人工ニューロンが含まれるという。人間の脳神経細胞は約一〇〇〇億個と言われているので、かなり肉薄してきたという感じもしないではない。

ただし、以上はいずれも実験段階であり、実用化までにはまだ長い時間がかかるだろう。この種のプロジェクトが、製品として社会で使用される実用技術を生みだすことは、経験上それほど多くはない。だからまだ詳細に論じるまでもないが、ただ、脳科学と人工知能のむすびつきが本格化してきたことの証拠にはなるだろう。とくに欧米で近年、シンギュラリティの実現性が高まったと考える人が増えてきたのは否定できない事実なのだ。

天国か地獄か

シンギュラリティが来るのは三〇年後か、五〇年後か、それとも永遠に来ないかは、意見が分かれる。だが少なくとも、汎用人工知能（AGI）が近いうちに実現されるだろうと信じている人は、欧米の人工知能の専門研究者のなかに少なくないのだ。仮にそうなったら、社会はどうなるだろうか。

カーツワイルはどこまでも楽天的である。人間のほとんどの知的活動が汎用人工知能のおかげで増強され、飢餓や病気なども消滅する。経済的貧困や政治的対立、さらに地球環境問題も解決にむかう――そう心底から考えているのかもしれない。ともかく汎用人工知能、そしてこれが進歩した超人工知能（ASI）は、人間をはるかに超えた知力をもっているのだから、それが出現させるのは天国のはずなのである……。

しかし、まったく反対の予測をする著名人たちもいる。マイクロソフト社の創業者ビル・ゲイツは汎用人工知能への懸念を表明したし、テスラモーターズの会長である起業家イーロン・マスクは汎用人工知能や超人工知能を悪魔になぞらえ、人間はそれを支配できないと述べている。また、理論物理学者スティーブン・ホーキングは、完全な人工知能の開発は「人類の終焉《しゅうえん》」を意味するかもしれないとさえ示唆した。

それだけではない。シンギュラリティのもとになった「知能爆発」という概念を提唱した数学者グッドは、一九六〇年代はじめは楽天的だったのに一九九八年にいたって、人間は

「機械に支配権を奪われるのを防ぐことはできない（中略）我々はレミング（ハタネズミの一種、集団自殺するといわれてきた）のようなものだ」と講演しているのだ。[7]

いったいなぜ彼らは、高い知力をもっているのに、本気でシンギュラリティ仮説を信じ、悲観しているのだろうか？　人工知能による「人間の絶滅」さえも予告するのだろうか？

そこには、人工知能が意識をもち、「自己」という概念を認識し、学習をつづけていけば、やがて生物のような進化をとげる、という思想が厳然とある。

確かに生物は、一部の共生関係をのぞけば互いに競合するものだし、知能のすぐれた生物種である人間が多くの生物を支配していることは事実である。殺戮《さつりく》をくりかえし、多くの生物種を絶滅させてきたことも事実である。もし人間より知能のすぐれた存在が生まれれば、やむなく人間はそれに隷属することになり、やがては絶滅に追いやられるかもしれない。そういう悲観的なシナリオを描くことは、十分に可能だ。[8]

ただし現状では、人工知能が自分でプログラムを書きかえていくと言っても、それはあくまで人間のエンジニアの管理のもとでのことである。だから、人間に敵対する可能性が出てきたら、電源を切ってしまえば片が付くではないか、という常識的な反論が出てくるかもしれない。当面のところ、軍事利用をのぞけば、人工知能を搭載したロボットが襲ってくるといったイメージは、B級ＳＦの世界だけの話だ。だが、もし仮に、電力やガス、水道といった基幹インフラが人工知能によって制御されるようになったらどうなるだろう。それらが連携して一斉に妙な作動をはじめれば、地獄図さえも身近に感じられてくるではないか。[9]

この問題についてさまざまな識者にインタビューをおこなったジャーナリストのジェイムズ・バラットは、次のようにのべる。

いまやAGIの壊滅的な危険性は、尊敬を集める熟達した多くの研究者が認めるところだ。カーツワイルがシンギュラリティーの恩恵と考えている、血液のナノ浄化、より優れた高速な脳、不死などと比べても、その危険性はより十分に立証されている。シンギュラリティーに関して唯一確実なのは、LOARのパワーによって我々の生活や身体のあらゆる側面に高速で賢いコンピュータが組み込まれるということだけだ。そうなったら、異質な機械知能は我々の自然の知能に挑んでくるかもしれない。我々がそれを望むかどうかは関係ないだろう。[10]

要するに、懸念される脅威とは、人工知能が「強力すぎてコントロールできない道具」になってしまい、人間が破滅してしまうということなのである。

欧米では、悲観派によるこういう人工知能脅威論がかなり根強い。これに対して日本では、あまり心配する声は聞かれないのである。とくに人工知能研究者の多くは、心配される脅威にたいして、最小限のおざなりの倫理的考察ですませようとする。例えば「アシモフの三原則」を守れば問題ないのではないか、といった具合だ。

だが、一昔前のSF作家アシモフがロボットについて言ったあの三原則——（1）人間に危害を加えるな、（2）人間に服従せよ、（3）自分を守れ——は、もともと矛盾をはらんでいる。人間の命令に服従して別の人間を殺傷したり、自分の基本機能を守るために命令を無視して作動しないことなど、大いにありえるからだ。

三原則には優先順位があり、（1）が最高で（3）が最低と決められているから、表面上は論理的矛盾がないように見えるかもしれない。だが、軍事ロボットはそんな論理にはしたがわないだろう。「多くの人命を救うために最小限の防御行動をおこなうのであり、危害をあたえるのが目的ではない」とか「より大切な命令を実行するため、その他の命令は無視して自己を保持する」とかいった都合のよい論理を持ち出すことはいくらでもできるからだ。

実際、海外では、高度な人工知能の開発にむけた最先端の研究は、多くが軍需産業とむすびついている。軍事用の人工知能やロボットが、汎用人工知能（AGI）や超人工知能（ASI）の最有力応用先なのである。そこには、自分たちが開発しなければ、敵国が開発してしまうだろう、だから先手を打たなくては、という強迫観念がはたらいている。軍需産業の支援のもとで、人工知能技術が進歩発展していく可能性は高い。そして、その詳細は一般には決して公開されないだろう。

とすれば、悲観派が予測するように、汎用人工知能、さらに超人工知能はかならず実現するのか？　われわれは二一世紀に絶滅への道をひた走るほかないのだろうか？

ここでいったん、落ち着いて考えてみよう。本来、意識をもつ人工知能が自己認識し、人間と競合するという発想は、どこかおかしいのではないか？　シンギュラリティ仮説そのものの中に、どこか人工知能にたいする、いや機械という存在にたいする、根本的な誤解があるのではないか……と。

3・2　生物と機械の違い

プログラミング

シンギュラリティの到来を論じる人々は、楽観派も悲観派も、人間とコンピュータとが基本的に同質だと信じている。生物と機械とのあいだに原理的な相違は無いと見なすのだ。こうしてマインド・アップローディングだの、不死だのといったビックリ発言があらわれる。

それだけではない。「人間を超えるコンピュータの出現」という発想は、人間の知的能力をバッサリと単純化し、いわば一次元的な物差しの上で、脳とコンピュータとを比較しているのである。たとえば、脳の神経細胞やシナプス結合の数、反応速度などを、コンピュータの記憶容量や論理素子の演算速度などと比べようとする。まるで、異なる機械の処理能力を計量比較するコンテストのようなものだ。

だが、人間の知的能力はもともと柔軟で多次元的なものであり、その最大の特長は、状況に応じて臨機応変に問題に対処できることではないだろうか。これに対して機械は、設計された仕様からはみ出せないので、柔軟で多次元的な存在ではない。枠組みがキチンと定まらない問題を解くのは苦手なのだ。人工知能の難問である「フレーム問題」は、こういう両者の根本的違いから出てくるのである。だから、「人間を超える」うんぬんという神話は、いわば暗算の速さだけで会社員の人事評価をするような愚行を連想させる。もともと比較不能なものを無理に比較しても、誤解を招くだけだ。

では、生物と機械のあいだの境界線とはいったい何か？――実はこれが本書をつらぬく基調テーマなのである。

実は、生物と機械のあいだに明確な境界線が引けるという有力な学説が存在する。一般論を述べだすと難しくなるので、まず具体的に、コンピュータという機械の特徴から始めよう。コンピュータの内部機構に詳しい読者には退屈かもしれないが、ここを間違えると判断が迷走してしまう（ちなみに近年の若者は「デジタル・ネイティブ」などと呼ばれるが、モバイル機器などの操作にたけているものの、コンピュータの内部機構についてはまったく無関心な人が多いのだ）。

コンピュータはプログラムにもとづいて作動する。プログラムとは、「前もって（pro）書く（gram）」ということだ。つまり、データを処理する以前に、前もってどのようなデータかを予測し、いかなる論理にしたがってデータを操作するかの手順（アルゴリズム）を、設計者やプログラマが決めておくのである。そして現時点で入力されたデータを手順通りに操作し、結果を出力するわけだが、これがうまく行くのは、過去のプログラム作成時におこなった状況予測が当たった時だけである。もし状況が大きく変化すると、コンピュータは操作を停止するか、または、設計者から見てメチャクチャな操作を実行してしまう。

その意味で、コンピュータとは純粋に「過去」にとらわれた存在だ。設計者は過去のデータや処理結果をふまえて論理空間を組み立て、そこで未来のデータ処理方法を決定するのであり、いちいち現在時点での判断でデータを処理しているわけではない。人工知能もふくめ、全てのコンピュータ処理は、「過去」によって完全に規定されているのである。コンピュータは、「こうなったら、こうせよ」という過去にあたえられた指令を墨守しているだけなのだ。

ビッグデータ時代になって、膨大なデータを扱えるようになっても、この原則は変わらない。いやそれどころか、いっそう「過去」の比重が大きくなったともいえる。ネットのなかには過去のデータが満ちあふれており、それらを無視できないからである。

一方、人間は、むろん過去の経験をふまえて行動するとはいうものの、基本的には「現在」の時点で判断しながら生きている。変動する現在の状況にあわせて時々刻々、意思決定を実行しないと生きていけない。前章で、ファストフード店でハンバーガーを買ってくるという子供のお使いが、人工知能ロボットには困難だと述べた。これはフレーム問題の好例である。困難性は、解決のために適用すべき知識群が無限にひろがってしまう点にある。たとえ店への道順を正確に教えておいても、たまたま道路工事をしていればロボットはお手上げになる。詳しい地図データを入力しておけば何とかなるかもしれないが、それなら、もし店が臨時休業だったらどうなのか。子供はお腹《なか》がすいているので、別のファストフード店まで行くだろうが、ロボットは普通そこまではやらない。

もし仮に、コンピュータが人間と同様に、現時点での判断にもとづいて臨機応変に処理をおこなうとすれば、その処理速度はたちまち低下する。高速処理能力は、あらかじめ決まった論理空間のなかで作動するという前提に由来している。つまり、コンピュータの融通のきかなさは欠点でなく、本質的な性質なのだ。将棋ソフトウェアが強いのは、論理空間の大きさが限定されているからである。だが一方、人間の日常生活では論理空間は無限大であり、何が起きるかわからない。

コンピュータにかぎらず、一般に機械とは再現性にもとづく静的な存在である。再現性を失ったら、それは機械でなく廃品だ。これに対して、生物とは、流れ行く時間のなかで状況に対処しつつ、たえず自分を変えながら生きる動的な存在である。この相違は途方もなく大きい。あらかじめ設計されたルールにもとづいて作動を繰りかえす空間的存在が機械だとすれば、一回性のある出来事を重ねていく時間的存在が生物というものなのである。

こう述べると、「機械学習も、流れ行く時間のなかで賢くなっていくではないか」と反論が来るかもしれない。だが残念ながら、たとえ学習する機械でも、一般の機械と事情はまったく同一である。プログラムが少々抽象的で複雑になっているだけだ。機械学習の場合、処理の結果におうじてプログラムが自動的に変更されるのだが、その変更の仕方はあらかじめ厳密に決まっている。深層学習だろうと何だろうと、設計者とプログラマが「プログラム変更の仕方」をふくめて事前にプログラムを作成しているのである。

心と脳

動的な現在と静的な過去という、人間とコンピュータを分かつキーワードは、右にのべたようにより広く、生物と機械を分かつキーワードでもある。

それどころか、大脳新皮質がそれほど発達していない人間以外の生物では、このキーワードによる区分がいっそう明確なのだ。原始的な生物は遺伝的プログラムにもとづいて行動しているとも言えるが、もし環境に適応できなければ死滅してしまう。つまり生きている以上、刻々かわる現在の環境に動的に対応しているのである。

人間は大脳新皮質が異常発達した生物種だが、そこでは論理的な思考がおこなわれている。事前予測にもとづき、行動の計画が立てられるのである。太古時代の人間は、気候の変化や害獣の行動などを予測して、狩猟採集の計画を立てたに違いない。そして、こういう筋道のある論理的な思考を純化し、自動化したのがコンピュータという論理機械に他ならないのである。人工知能も、どろどろした欲望と矛盾にみちた人間という生物の動的に変化する体内から、人間が論理的な結晶めいた静的構築物を取りだし、拡張発展させて固定した人工物といってよいのだ。

さて、ここで注目すべきことは、人工知能とはあくまで「人間という生物種の思考」から生まれたという事実である。機械は人間がつくるのだから当たり前だ。だがそれなら、いくら頑張っても、人間の認識や知性の限界を超えることは不可能ではないか。お釈迦《しゃか》様の手のひらで踊るだけではないだろうか……。

シンギュラリティ仮説は、近い将来、人工知能の知的能力が人間を超えていき、人間の理解できない領域に突入すると語る。だが、右の議論が示すように、人間に理解できないということは、別に「賢くなる」のではない。われわれから見ると、ただメチャクチャな結果を出力する怪物機械、つまり廃品になるだけなのである。

欧米のシンギュラリティ仮説の支持者たちは、人間が自分の思考をもとに人工知能をつくったことをカッコに入れ、人間と人工知能を同質な存在として同一次元で比較しようとする。まるで第三者の手によって、人間も人工知能もつくられたような感じだ。たぶんそこには、超越的な造物主を奉じるユダヤ＝キリスト教文化という遠因があるのだろう。これは絶対主義にもとづく設計思想である。機械という存在を、人間の限られた能力との関連で相対的にとらえるという、最重要な観点が脱け落ちているのだ。

相対主義的な観点の欠落というシンギュラリティ仮説の問題点は、「心と脳」というテーマを考えるといっそう明確になってくる。脳のリバース・エンジニアリングやマインド・アップローディングなど、安直なカーツワイルの議論のほころびが、こうしてくっきりと浮かび上がってくるのである。

心脳問題（より広くは心身問題）は、昔から哲学の難問として知られてきた。これは平たくいえば、「脳」という白っぽい一塊の物質からいかにしてわれわれの波騒ぐ「心」が出現するのか、という問題だ。物質と精神（意識）との関係を問うことでもある。心がなければ真の知性があるとは思えないし、前述のように汎用人工知能は「強いＡＩ」であり、自らを意識する心を持っていると仮定されている。

さて、心脳問題についての諸説を語り始めると、これはもう際限がない。下手をすると神学論争のようになってしまう。カーツワイルだけでなく、多くの関連研究者はそういう哲学的議論は避け、脳を分析すれば心を理解でき、さらに進んで、脳を再現すれば心をつくれるという前提に立っている。つまり、脳だけに着目すればよいという立場である。だからリバース・エンジニアリングやマインド・アップローディングといったアイデアが言《こと》あげされるのである（ここで、脳以外の、臓器や筋骨をふくんだ身体は考えなくてもよいのか？」という疑問が出てくるが、それについては次節でのべる)。

本書で心脳問題に関して強調したいことは、唯一《ただ》つである。——「脳」とは、われわれが外側から、なるべく客観的・絶対的に分析把握するものであり、一方、「心」とは、われわれが内側から、主観的・相対的に分析把握するものだ、ということ。

クオリア（感覚質）という言葉がある。たとえば私がある日に山頂でご来光をあおぎ、あまりの気高さに深く感動したとする。そのとき心にあふれた、筆舌につくしがたい何かが、クオリアだ。それはあくまで私の主観に生じた出来事で、客観的存在ではないので、誰かに完璧に伝えることは原理的にできない。クオリアは個人的に体験されるが、それは「私」の心を内側から観察しないと決してわからないものである。人間の主観世界を形づくるのはイメージの連鎖だが、そのなかにはクオリアが宿っている。クオリアを除外して心を論じるなら、それはとんでもない誤りという他はない。

ところで一方、脳というのは、研究者たちが客観的に外側から観察し、正確に分析すれば共通の記述結果がえられるはず、という存在である。人間の頭蓋骨のなかに約一〇〇〇億個の神経細胞があり、それらがシナプス結合されている、などといった分析はその一例だ。だが、脳のなかにクオリアを見出《みいだ》すことは不可能である。

要するに、心と脳とは、観察の仕方や視点に伴ってそれぞれ出現するといってよい。難しくいえばカテゴリー（範疇《はんちゅう》）がズレているのだ。美酒の味わいを科学的に分析しつくすことなど無理だろう。とすれば、脳だけに着目し、脳を機械的に分析すれば心が理解でき、さらに心を再現できる、という絶対主義的な思い込みは、根本的な誤りをおかしている。もし、人工知能が人間の思考をシミュレートしようとするなら、脳だけでなく心にも着目しなくてはならない。

脳研究は、実験と数理モデルを駆使し、その成果がいかにも客観的・絶対的な真理であるような印象をあたえる。その方法論は科学としては正しい。だが、いろいろな学説も、所詮は研究者たちがつくりあげるものであり、時代とともに変わっていく。

近代思想の元祖デカルトは昔、人間だけが精神をもち、それ以外の動物は機械的・物質的存在にすぎないと考えた[11]。今ではそんな考えは動物行動学者によって否定されている。二〇世紀初頭、ドイツの生物学者ヤーコプ・フォン・ユクスキュルは、動物の主観世界に目をむけた。ハチはハチ、イヌはイヌ特有の主観世界をもっている。われわれには動物の主観世界を完全に理解することはできないにせよ、そういう相対主義的観点なしには、自然の生態系を理解することはできない。われわれは、ホモサピエンス特有のまなざしで科学技術を研究しているだけなのだ。

こうして、ひとたび相対主義的観点の大切さに気づけば、生物と機械を同質とみなすシンギュラリティ仮説の欠陥がはっきり分かってくる。そして、ビッグデータ分析のエースである人工知能技術をいかに発展させていくべきか、その方向性も見えてくるのである。

ネオ・サイバネティクス

生物と機械との境界線について、議論をつづけよう。右にのべた「観察者の視点」という問題は、実はかなり以前から学問的に検討されてきたのである。

前提として、この議論は「システム論」であることを明言しておこう。生命には物質とちがう神秘的な霊性が宿っているといった話は昔からあるが、本書ではそういう立場はとらない。生物も機械と同じく物質的な要素からできている（人間は高分子タンパク質、コンピュータは金属やシリコンなどの要素からできているが、この相違は本質的ではない。タンパク質から機械をつくることもできるだろう）。問題の焦点は、要素群の組み立て方や作動の仕方が生物と機械とでは違うのではないか、ということである。これはまさしくシステム論の議論に他ならない。

情報やシステムについての体系的な学問や技術が誕生したのは、およそ二〇世紀半ばのことだ。とくに一九四〇年代にはサイバネティクスや情報理論が生まれ、コンピュータが開発された。サイバネティクスの父といわれるのは、フォン・ノイマンとならぶユダヤ系の大数学者ノーバート・ウィーナーである。ウィーナーの古典的名著『サイバネティクス』には、「動物と機械における制御と通信」というサブタイトルがついている。

このサブタイトルからは、まるで生物と機械を同質とみなしているような感じがするだろう。事実、世間にはそういう印象をあたえたし、ウィーナー自身、当初は両者の相違をはっきり示すことはできなかった。そこでは、電子回路と動物の神経系を同等に扱う方法論がとられているのである。「サイボーグ」だの「サイバーパンクSF」だのは、明らかに両者のあいだの境界線の消滅を語るものだ。しかし、その延長にあらわれる人間機械論に対して、ウィーナーが断固として批判的立場をとったことは意外に知られていない。

機械は設計されたものだから、人間機械論にもとづけば、人間の自由意思は否定されてしまう。ウィーナーは、世間一般から誤解されているが実は、人間の主体的自由や倫理的自律性をどこまでも重んじる、敬愛すべき人物だったのである。水爆開発のためにコンピュータの研究をいそいそと推進した御用学者フォン・ノイマンとは対照的に、ウィーナーは第二次世界大戦で傷ついた兵士たちを救おうと、義肢の研究をしていた。手足の機能回復のためには、電子回路が神経系にうまく接合されなくてはならない。では、それと同時に、人間の意思の自由を確保するにはどうすればよいのか[12]……。

ウィーナーが悩んだこの難問を解決したのが、一九七〇年代に出現した「ネオ・サイバネティクス」という学問潮流だった。

きっかけをつくったのは、物理学者ハインツ・フォン・フェルスターである。米国イリノイ大学の生物コンピュータ研究所の所長だったフェルスターは、「二次（second-order）サイバネティクス理論」を提唱した。ウィーナーの古典的サイバネティクスが「観察された

(observed) システム」を扱うのにたいし、二次サイバネティクスは「観察する (observing) システム」を扱うといわれる。これはいったいどういうことか?

クルマのような機械は、「外側」から観察することができる。そして排気量だの最高速度だのを設計することができる。同様に、イヌのような生物も、外側から観察することができ、足の速さなどを測定することができる。古典的サイバネティクスのアプローチはそういうもので、このとき両者の相違はなくなる。だが、外側から見ている限り、イヌがどのように世界を観察しているかを分析することはできない。

イヌは、嗅覚中心の動物だから、われわれ人間とはまったく違うやり方で周囲世界を認識している。周囲世界の事物やパターンを、おもに嗅覚をつうじて観察し、分類しながら行動している。そういう主観世界に注目すべきだと主張したのがフォン・ユクスキュルだった。主観世界を分析するには「内側」から、つまりイヌの視点から周囲世界を観察しなくてはならないのだ。それが「観察するシステム」を扱う、ということなのである。

観察するシステムは、主観的・相対的だから、下手をすると独我論におちいってしまう。自分勝手な見方を分析しても、学問にはならない。そこで、「観察するシステムをさらに観察する」という二次的な視点が不可欠になる。だから「二次サイバネティクス」と呼ばれるのである。[13]

生物が「観察するシステム」であることは明らかだろう。そして、機械があくまで「観察されたシステム」なら、ここで境界線があらわれる。それではなぜ、機械は「観察するシステム」ではないのだろうか？——理由は、そういう分析をしても無意味だからだ。機械は客観的に、外側から分析すれば十分なのである。

機械は人間が設計するものだ。だから、その作動の仕方は「他律的（heteronomous）」である。コンピュータなら、ミスがないかぎり、人間が書いたプログラム通り忠実に動く。入力データとプログラムがわかれば、原理的にコンピュータの出力は完全に予測できる。一方、生物は自生するものだから、その作動の仕方は「自律的（autonomous）」である。生物にある刺激（入力データ）をあたえても、どういう反応（出力）が出現するか、完全な予測はできない。生物というシステムを外側からいくら詳しく観察しても、そこには原理的な不可知性がのこる。

つまり、生物は自律システムであり、機械は他律システムなのだ。ここでシステム論的な境界線がくっきりとあらわれる（変動する環境条件のもとで、同じ入力にたいし異なる出力をする機械を「自律システム」と呼ぶことがあるが、正確にはそういう自動機械は「適応システム」と呼ぶべきである。作動の変更の仕方はあらかじめ設計されているからだ）。

もっとも、生物の反応（出力）がまったく見当がつかないというわけではない。推定は十分可能だ。それは、生物が「自ら（オート）にもとづいて自らをつくる（ポイエーシスする）存在」だからである。つまり、生物とは自己循環的に作動するシステムなのである。だからそこには習慣性がある。このことは、生物の生理的反応を考えても、またわれわれの思考を考えても明らかだろう。われわれは会話の相手の言葉をそっくり脳細胞に入力するのではなく、自分の記憶にもとづいて解釈しながら記憶を少しずつ書き換えていくのだ。また、同一種の生物集団における繁殖行動も、遺伝的記憶の書き換えと見なせば自己循環的である。

こういう議論にもとづいて、生物を機械から峻別《しゅんべつ》したのが、フェルスターの友人で、チリの生物学者ウンベルト・マトゥラーナとその弟子フランシスコ・ヴァレラだった。理論生物学におけるこの金字塔は、「オートポイエーシス（自己創出）理論」とよばれる。生物はみずから自己をつくる「オートポイエティック・システム」である。一方、機械は、人間という異物（アロ）によってつくられ、作動結果という異物をつくりだす「アロポイエティック・システム」だということになる。

オートポイエーシス理論は二〇世紀末に、生物学以外の分野にも広く影響をあたえた。ドイツの理論社会学者ニクラス・ルーマンは、相対主義的な観点をとりいれて機能的分化社会論を構築したし、ジークフリート・シュミットらは文学システム論を探究し、河本英夫は身体論を展開している。これら一連の学問研究は、ウィーナーの古典的サイバネティクスを更新するもので、「ネオ・サイバネティクス」と呼ばれている。理系と文系の情報学を架橋するために私の研究室で構築してきた基礎情報学も、その系譜につらなるのである(14)。

ネオ・サイバネティクスは、文系と理系にまたがる一種の総合学問に他ならない。その特徴は、二〇世紀初めに盛んだった客観主義の限界をのりこえ、主観主義の観点をつけくわえるところにある。これは生命的な学問思想である。また、二〇世紀構造主義思想がもたらした相対主義との共通点を、そこに認めることもできるだろう。日本では、科学哲学者河本英夫によってオートポイエーシス理論が紹介された後、理論社会学を中心に少しずつ普及してきたが、今後さらに開花していくことは間違いない。

まあ、難しい理論的考察はさておき、生物と機械の相違はもう明らかだろう。生物は自分で自分をつくるので、その作動の仕方や反応はよく分からない「閉鎖系」なのである。頑張れば作動も出力も細かく予測できる「開放系」である機械とは、根本的に異なるのだ。医者がいくら症例をあつめたところで、患者の反応を完全に予測できないのは、仕方のないことなのである。

3・3　ロボットとのコミュニケーション

ロボットとの会話とは何?

汎用人工知能に夢をいだく読者から、ここまでの議論にたいして反論が出てくるかもしれない。生物と機械とは確かに違うところがあるにせよ、もし人工知能ロボットが人間と会話してくれれば、楽しいし、それなりに人間と同様な存在とみとめてもよいのではないか、というわけだ。そういう声を聞くことは珍しくない（なお、「ロボット」といっても工場の産業用自動機械から、ヒト型のペットロボットまで千差万別なのだが、本書では以下おもに、人工知能を搭載し、人形のような外見をしたものを想定する）。

さて、人間と会話する人工知能というと、有名な「チューリング・テスト」を想いおこさずにはいられない。一九五〇年に数学者アラン・チューリングにより提案されたこのテストでは、人間の試験員がテレタイプ（今なら電子メール）を使って、別室におかれたコンピュータと言葉をかわす。もし相手が人間かコンピュータかを試験員が判定できなければ、そのコンピュータはまさに、人間のような思考機械（つまり真正な人工知能）だ、というテストである。

今でもチューリング・テストの有効性を信じている人はいるが（ちなみにカーツワイルは二〇二九年にこのテストに合格する汎用人工知能が出現すると予言している）、よく考えると、かなりいい加減なテストだ。試験員の個性もあるし、まあ一応のメドにはなるかもしれないが、とても普遍的な基準とはなりえない。

実際、半世紀も昔にマサチューセッツ工科大学のジョセフ・ワイゼンバウムがつくった質疑応答システム「イライザ」は、ひとまず合格点をとった。イライザは、入力文を変換してシンプルな出力文を返すだけの簡単なシステムだが、精神分析医になりすましたところ、人々は真剣にイライザに悩みを打ち明け始めたのである。[15]

チューリング・テストを突破するには、あらかじめ質問群を予想してもっともらしい返答群を用意しておけばいい。あとは何とか自然言語処理プログラムで対処できるだろう。質問の予想が外れたら負けだ。つまり、これは将棋ソフトと同じで、汎用人工知能の試金石ではなく、いわば一つのゲームにすぎない。

本当の問題は、コンピュータが人間のように入力文の「意味解釈」をしているのかどうか、という点なのである。真の汎用人工知能（AGI）には、意味解釈の機能がもとめられるはずだ。

テストといった抽象論ではなく、より実用的な応用テーマの話題に移ろう。ビッグデータ分析においては、フェイスブックやツイッターなどの膨大なネット内テキスト文書を処理することになるが、人工知能を用いてこれを実行することはできるだろうか。

われわれ一般人の目にはふれないが、すでに多くの企業において、ネット内テキスト文書の分類が人工知能技術を活用して実行されている。ただ、これは単なるキーワード分類の拡張のような感じもしないではない。意味解釈ということになると、身近な応用は機械翻訳だ。すでにネット上で、英語文書を日本語に翻訳するプログラムの実行結果に親しんでいる人は多いだろう。二〇二〇年の東京オリンピックの準備として、英語だけでなく、多言語翻訳のプロジェクトも進められているようだ。

ネット上の英日機械翻訳の実行結果をながめると、率直にいって、奇妙キテレツな訳文も少なくない。だが、多くの一般人は近い将来、機械翻訳によって外国語コミュニケーションの問題は解決すると考えているらしい。これは本当だろうか？――はっきり言おう。機械翻訳がかなりの有効性を発揮する場合もあるが、全面的に有効だということはない。人工知能で外国語学習が不要になる日など、決してこないのである。

機械翻訳をはじめ自然言語処理の議論は、ビッグデータ型人工知能の効果の限界を見定めるための好い例である。前述のように、機械翻訳の歴史はコンピュータの発明と同じくらい古い。だが、それが一般向けに実用化されたのは二一世紀に入ってからのことである。実用化の成功をもたらしたのは、統計的な手法の導入といっても過言ではない。

繰り返しになるが、基本的なアプローチは、文章テキストの対訳の用例（コーパス）を大量に記憶しておき、翻訳する入力文と近い用例を検索し、同様な翻訳文を出力するのである。訳語に複数の候補があるときは、あくまで統計的にみて確率が高いものを選ぶ。

たとえば、「Where is a washroom?」を訳すには、対訳用例を検索して「トイレはどこですか」を出力すればよい。これは文章テキストの翻訳だけでなく、音声入力に対する通訳でも同様だ。なるほど、ビッグデータのなかに山のように用例があるとすれば、こういった用例ベースのアプローチによって、英語のみならず多言語の機械翻訳（機械通訳）の効果が期待できるのは確かである。うまくいけば、翻訳機は外国旅行の必需品になるかもしれない。

ただし、有効なのはほぼ、定型的で簡単な構造の文章にかぎられる。微妙なニュアンスをふくむ複雑な文章や、日常あまり使われない表現の文章が入力されたら、とんでもない訳文を出力してしまう可能性が高い。なぜなら、機械翻訳プログラムは、文章の意味を解釈し理解しているわけでは全然ないからだ。基本的には、ただ機械的に文字（音声）パターンを検出し、分類されたパターン群のなかから統計的に最も近いものを取りだしてくるにすぎない。人工知能といっても、凝った仕掛けは、この処理の精度をあげるためのもので、別にコンピュータのなかに「washroom」のイメージを持っているわけではないのである。

ここに、人間の翻訳者や通訳者との本質的な相違がある。翻訳者や通訳者は近い将来、みな失業するという人がいるが、そんな世迷《よま》い言《ごと》は、この相違がわからないから出てくるのだ。

人間の翻訳者（通訳者）が外国語の文章を訳すとき、いったい何が起きているだろうか？——前節でのべたように、人間の心は原理的に自律的作動をしており、閉鎖系である。相手の心の内容を一〇〇パーセント理解することはできないので、意図や文化的価値観をもとに推定する他はない。それが「意味解釈」ということである。

たとえば外国の小説を訳すとき、翻訳者はたいてい、著者の他の小説を読んだり、関連テーマの文学を漁《あさ》ったりして、まず背景やテーマを調べ、語彙や専門用語の理解につとめる。そういう準備をしてから、小説の文章の翻訳にとりかかるのである。場合によっては「Where is a washroom?」を「ちょっと失礼いたします」と訳すほうが適切かもしれない。トイレの場所を尋ねるふりをして少し席をはずす、というニュアンスを伝えなくてはならないこともある。つまり、小説の翻訳者は、翻訳という作業をつうじて、原作者とコミュニケーションをおこなっているのだ。

一方、機械翻訳プログラムは、ただ過去の用例の頻度をしらべ統計にもとづく計算処理をしているのである。べつに外国人とコミュニケーションをおこなっているわけではない。よく「コンピュータには文脈理解が難しい」というが、それは表面上のことで、問題は生物と機械の根本的相違に由来しているのである。

言葉がわかる機械

いったい、〝コミュニケーション〟とは何だろうか？

「ロボットと会話する」というが、コミュニケーションが本当に生起しているのかどうか、まずそこから始めなくてはならない。なぜなら、言葉をはじめ、社会でつかわれる記号の「意味」の解釈は、コミュニケーションと不可分だからである。意味解釈が大きく食いちがえば、会話のキャッチボールはできず、コミュニケーションは成立しない。

とりあえずコミュニケーションを、「閉じた心をもつ存在同士が、互いに言葉をかわすことで共通了解をもとめていく出来事」と定義してみよう。何だかムズカシそうな定義だが、実はそうでもない。

たとえば二人の商人AとBが契約の話をしているとする。「どうです、おたくにとっても、いい話じゃありませんかね」「いやまったく。そちらさんからのお話では、むげにお断りするわけにも行きませんなあ……ただまあ、もう少し景気がよくなるといいんですが。ええと、ちょっとトイレどこですかな」と言葉を濁してBが席を立ったとしよう。はたしてAは、契約の成立をどのくらい見こめるだろうか。

こういった腹の探り合い、共通了解のための意味解釈の相互交換は、コミュニケーションの典型例である。たえまなく揺れる意味解釈を通じて、推定作業が動的に続けられる。人間の社会的なコミュニケーションの多くはそういうものなのだ。

だから、言葉（記号表現）のあらわす意味（記号内容）は、言葉にぴったり付着した固定的なものではない。むしろ人間社会における多様な言語的なコミュニケーションの繰り返しを通じて、動的に形成されていくものだ⑯。

さらに大切なことがある。人間の言葉は抽象化をおこなう。一つの言葉があらわす意味の幅は、コミュニケーションによって拡大され、多義的・多次元的にふくらんでいくのである。たとえば座るためのさまざまな形態の家具は、みな「椅子」と呼ばれる。これは、コンピュータにさまざまな画像を見せて、その共通特徴を抽出する深層学習とは逆の作用である。それればかりか、「彼がねらっているのは社長の椅子だ」というように、比喩的に椅子が「地位」を意味することもある。比喩的にイメージを重ね、ふくらませていく詩的作用が、人間の言語コミュニケーションの最大の特色に他ならない[17]。

さて、コミュニケーションを人間の心のような自律的閉鎖系のあいだでおきる出来事と定義すると、機械と人間、または機械同士のあいだのコミュニケーションは本来、ありえないことになる。機械は他律的に作動する開放系だからだ。

実際、コンピュータ間通信は記号（デジタル信号）を送ればすむし、コンピュータに指令を伝えるにはキーボードからコマンドを入力すればいい。そこに意味解釈などはいる余地はまったくない。この延長で、ロボットに正確な指令をあたえれば、ロボットは、プログラム通りの機能を実行するだろう。つまり原則として、コンピュータにとって「意味」の解釈など無縁のしろものなのだ。

ただ、人間が日本語や英語などの自然言語でコンピュータと会話しようとすると、そこで一種の疑似的なコミュニケーション、疑似的な意味解釈がおこなわれることは事実である。では、ロボットと人間のあいだの「疑似的コミュニケーション」の特色は何だろうか。

人間が比喩によって言語記号の意味解釈を動的に広げていく傾向をもつのに対し、人工知能は逆に意味解釈の幅をせばめ固定しようとする。そして、論理的な指令（たとえば正確な機械翻訳の出力）に結びつけようとする。人工知能の自然言語処理においても「意味処理」はおこなわれているが、それらはことごとく、多義的な意味内容を一つに絞りこむための工夫なのである。

わかりやすく整理すれば、人間のコミュニケーションは詩的で柔軟な「共感作用」、人工知能の疑似コミュニケーションは指令的で定型的な「伝達作用」に特長があるということになる。むろん、現実の社会的コミュニケーションでは両者が共存し、いりまじっているが、この特色の相違はとても大切である。もし、機械翻訳をふくめ人工知能技術を効率的に利用したいなら、なるべく定型的で機械的な情報伝達の場面に限定するほうが安全だ。

一方、仮に、連句会や連歌会のような催しをおこない、人工知能ロボットを遠隔参加させれば、それがチューリング・テストに合格することは難しいだろう。人工知能は過去の用例をもとに作動するから、陳腐な作品しかうみだせない。直感のするどい芸術家の目をごまかすことは難しいはずである。

ちなみに、人工知能に文学作品をつくらせるといった試みは、芸術活動としては明らかに邪道である。過去にない新たな作風の作品を創《つく》りだすのが近代芸術の大前提だからだ。コンピュータが効率よくマガイモノを大量生産して市場を制覇するなら、それは「芸術の死」を意味する。

ロボットに感情はあるか

以上述べてきたように、生物と機械とは異なる。それゆえシンギュラリティ仮説がとなえる汎用人工知能の実現はきわめて困難なのである。関連して、忘れてはならない核心的な論点を指摘しておこう。それは「感情」である（なお、感情〔feeling〕と情動〔emotion〕とを分け、前者は後者を基礎として成立する複雑微妙な存在と見なすこともできるが、ここでは両者をまとめて「感情」とよぶ）。

人間同士のコミュニケーションにおいて、感情が大切な役割をはたすことは言うまでもない。喜怒哀楽をはじめ微妙な感情のニュアンスから、われわれは相手の真意をおしはかるのだ。さて、近年では、「感情をもつロボット」というふれこみのペッパー君をはじめ、同じような可愛《かわい》らしいロボットが相次いで製品化され、家庭のなかに入ってきた。だが、生物と機械とがまったく異質な存在だとすれば、ロボットが感情をもつなんてヘンだな、という素朴な疑問がでてこないだろうか。

感情というのは本来、生物進化のなかで生まれてきたものだ。動物、とくに哺乳《ほにゅう》類や鳥類は、子供を可愛がる。敵がくれば怖がって逃げたり、怒って襲いかかったりする。すべて身を守るため、子孫を残すための反応であり、行動である。感情をもつことが、生存競争と自然淘汰《とうた》において有利に働いたことはまちがいない。感情がなければ、繁殖能力を高めて多産になるといった生存戦略をとらないかぎり、絶滅してしまう。いや、魚類のような多産な動物でさえ、餌食にならないように逃げまわらなくてはならないから、その神経反応に恐怖という感情の原始的萌芽《ほうが》をみとめることもできる。少産の動物である人間の感情も、基本的にはこういった神経反応をベースにしており、生存戦略的な機能ととらえられるのだ。

それなら、生きているわけでもないロボットに感情があるとは、いったいどういうことなのか？——まあ、感情がありそうな振りをするシミュレーションなのさ、と言ってしまえばそれまでである。ロボットはペットのイヌやネコとは違う。まともな大人なら、ペッパー君と遊びながらも、そこに正真正銘の感情をみとめることなど無いだろう。よくできた面白い玩具、電子カラクリ人形といったところだ。

だが、ここで東西の文化的な背景に注目しなくてはならない。日本人はロボット好きの国民である。一方、欧米では、産業用に使用されてはいるものの、全般的傾向としてロボットは日本ほど人気がない。とくに、ペッパー君などのヒト型ロボットやロボット犬AIBOなど、人間の愛玩物になるような娯楽ロボットの市場は、欧米では皆無に近いのである[18]。

ところで、このことは、欧米人がロボットに興味がないからではない。むしろ逆に、真剣にロボットという存在と向き合い、そこに密《ひそ》かな「恐れ」を感じとっているためなのだ。一神教文化において、造物主の御業《みわざ》をまねるのは罪深い行為である。もしわれわれが、人間のような脳をもち人間のように思考する存在を創りだしたら、それは人間にたいして何をしでかすかわからない。この恐れが、娯楽ロボットへの抵抗感の底流をなしている。さらにはシンギュラリティ仮説にたいする悲観論として噴出するのである。

これは、西洋の伝統的な人間観とかかわりが深い。人間は神と動物との中間に位置しており、理性をもち、他の動物とちがって合理的に行動するエラい存在だ、というのが欧米の通俗的な人間観である。そして、合理的行動の指令中枢は「脳」だというのが常識なのだ。だから欧米の人工知能研究者たちもこぞって、「脳を人工的に再現すれば人間（と同等の知能をもつもの）ができる」と考えがちなのである。

もう二五年も前のことだ。人工知能の父といわれる故マーヴィン・ミンスキーが来日し、私はNHKのテレビ番組でインタビューをしたことがある。そのとき、ミンスキーが「大切なのは脳なのです。サルにピアニストの脳を移植すれば、ピアノが弾けるようになります」と言ったので、私は心底おどろいた。人間のピアニストとサルとでは、腕や指の構造や筋力がまったく違う。サルにピアニストの脳を移植して生体信号をやりとりしたところで、ピアノを弾けるはずはないではないか。それどころか、人間の脳はサルの内臓諸器官をうまく統御できないので、サルはたちまち死んでしまうに違いない。時間がなくてミンスキーに質問できなかったが、まったく納得できなかった。

デカルトは昔、人間の脳の一部である松果体《しょうかたい》に理性がやどり、内臓など残りの身体器官は機械のようなものだと考えた。人間以外の動物も機械と見なした。二一世紀の今日、そんな古臭い考えをする生物学者はいない。だが、脳をコンピュータ、手足を周辺機器だと見なすロボット研究者たちは、いまだにデカルトの誤りをひきずっている。いや、さらに誤りを増大させているのではないか。そういう浅慮から、脳のリバース・エンジニアリングだの、マインド・アップローディングだのといった滑稽な発想が出てくるのである。

人間の大脳新皮質は、確かにコンピュータのような論理的な思考をおこなうことができる。大脳新皮質をもつのは哺乳類だけで、そういう生物種が出現したのは進化史上、比較的あたらしい。

何億年も前の原始的な動物の神経系は、代謝をはじめ主に生命維持の機能をうけもっていた。それは身体の諸器官と一体不可分である。やがて時がたち、大脳辺縁系の発達とともに、哺乳類をはじめ感情らしきものをもつ動物があらわれる（可愛いペットの行動をながめれば、イヌやネコに感情が無いと断言することは難しいだろう）。そしてついに、大脳新皮質が異常に発達し、論理的思考の得意な哺乳類、人間サマが登場したという次第だ。

大切なのは、こういう脳神経系の進化が、原則としてアドオン（入れ替えでなく付加）の形でおこなわれてきたという事実である。つまり、原始的な脳の機能は消滅したわけではなく、保存されたまま、高度な機能がつぎつぎに追加されていったのだ。だから、大脳新皮質の理性的なはたらきのベースには、感情の波がうねっており、さらに生理的な諸反応のネットワークがあるのである。われわれも、体調が悪いとイライラするし、気分が悪くてどうしても冷静な判断ができないことなど、よくあるではないか。

とすれば、脳の作動も、身体諸器官の作動から切り離すことはできない。脳の論理的機能だけに着目しては駄目なのである。「悲しいから泣くのではなく、泣くから悲しいのだ」と看破したジェイムズ＝ランゲ説も、こう考えてくると納得がいく。(19) 生理的・身体的な反応がまず生じて、それが事後的に脳のなかで概念化されるのである。むろん、脳は身体的な反応の中継基地と見なせるから、脳の分析は大切だろう。だが、人間が数十兆個もの細胞の集合体であり、それぞれの細胞が自律的に生きている以上、脳以外の身体器官を無視するのは暴論なのだ。

さて、ここまで来ると問題がはっきりした。ロボットに搭載された人工知能は、基本的に、論理処理をおこなう機械である。そして、ロボットの「体」は、多細胞生物である動物の体とはちがって、あくまで人工知能の指令にしたがって動く忠実な物体である。

とすれば、「感情をもつロボット」とは実に奇妙な存在だ。それは汎用人工知能とはほとんど無関係である。それなのに、マスコミが「人間に近い未来の機械」といった妙な幻想をふりまき、はやし立てる理由はいったい何なのか。まるで「ドラえもんがもうすぐやって来る」とでもいうように……。

こうしてロボットをめぐる問題は、工学理論的な分野から、文化論的な分野へとシフトしていくのである。詳しくは次章で述べていこう。

第四章　自由／責任／プライバシーはどうなるか？

4・1　一神教の呪縛

欧米人のロボット観

東西のロボット観はなぜこれほど違うのだろうか。日本人のロボット好きは国際的にも知られているので、これを文化と結びつける議論もある。一九九〇年代にパリのソニー研究所でロボット犬ＡＩＢＯの開発に携わっていたフレデリック・カプランは、「和魂」に注目する。カプランは和魂を、万物が自生するというアニミズム的な心情をベースとし、美意識にもとづいて霊性を探究するものととらえた。そしてユダヤ＝キリスト教にもとづく西洋の思考と対比させるのである。

カプランの分析はなかなか興味深いのだが、はたして娯楽ロボットを愛玩する日本人の心情はそれほど特殊なものだろうか。周囲のさまざまな対象に霊性をみとめるアニミズムは、太古から地球上のたくさんの文化にみられる、ありふれたものだ。人なつこい顔で話しかけてくるヒト型ロボットは、それなりに可愛《かわい》らしい存在である。この気持ちは、万国の小さな女の子が人形を抱きしめる気持ちと大して変わらないだろう。

問題はむしろ、欧米人が人工知能を搭載したロボットに感じる強烈な違和感のほうなのだ。ここには明らかに、宗教的な背景がもたらした特殊な宇宙観がある。

分かりやすい例をあげよう。あの人造人間の怪物をつくったヴィクター・フランケンシュタイン博士の悲劇的な物語について、カプランは、次のようにのべる。

ヴィクター・フランケンシュタインは、被造物を生み出すにあたって魔術に訴えることはない。しかし、悲劇的な結末は、博士が人工的に生物を再創造しようとし、やりすぎたことを示唆している。みずからの創造行為に対する彼の反応は、人間のものではない科学、神の技術に触れてしまったという思いを図らずも露わにしているのだ。（中略）怪物は、打ち棄てられたがために、堕天使、つまりサタンとなったのだ。博士の過ちは、当時の社会には受け入れられない存在を作り出したことにある。科学的な探求に目がくらみ、その仕事の持つ社会的・心理的問題を見て取れなかったのだ。(1)

ユダヤ＝キリスト教の考え方からすれば、宇宙の万物は、造物主である唯一神が創《つく》りたものである。この神を模倣するというのは、ゆるされぬ冒瀆《ぼうとく》であり、宇宙秩序への挑戦に他ならない。大罪をおかした者は、やがて必ずひどい罰を受けることになる。それが怪物の憤怒と復讐《ふくしゅう》、被造物の反逆なのだ。

こういった物語は、メアリー・シェリー作のフランケンシュタイン博士のエピソードに限らず、西洋に昔から無数にある。そのなかの近代版の典型が、「ロボット」という名を生みだしたカレル・チャペックの戯曲「R・U・R」に他ならない。ロボットは人間のために労働する機械として創られたが、やがて自らの知性を用いて反乱をおこし、人間を滅亡の淵《ふち》まで追いつめるのである。

二〇世紀に、飛躍する機械文明にたいする西洋の大衆の恐怖は、どんどん膨れあがっていった。チャペックの戯曲はその象徴として人々の心を強くひきつけた。アシモフのロボット三原則は、いかに不完全ではあっても、そういう恐怖をやわらげる一時的な鎮静効果を果たしたのである。

ここにあるのは、欧米の近代人の潜在意識に巣くっている典型的な心性だ。つまり「絶対神の死」がもたらした巨大な喪失感に耐えられず、それを埋めあわせる代替物として「人造の霊的存在」を創造しようとする。と同時に、その傲慢さにたいする畏怖や懐疑を和らげてほしいと念願するのである。

さて、ここで、ユダヤ＝キリスト教における伝統的な宇宙秩序というものについて、どうしても最小限ふれておかなくてはならない。それは、神を頂点とし、次に天使、それから順に人間、動物、植物、鉱物、人工物とランクが下がっていく、永遠にして厳格なる位階秩序である。この上下関係は、星がかがやく崇高な天、われわれが住むこの地上、そして地獄の業火が燃えさかる地下という位階秩序にも対応している。上位が下位を支配する秩序といってもいい。そこには神のさだめた厳然たる摂理、ルールがあり、そのルールにもとづいて万物が運行しているのだ。

神のあたえた秩序体系と、それを統《す》べるルールは、言葉（ロゴス）にもとづく理性的活動によって認識できるものだ。「はじめに言葉（ロゴス）ありき」と聖典に記されている通りである。混沌《こんとん》（カオス）のなかに神は言葉（ロゴス）、つまり論理的な言語によって秩序をもたらし、聖なる意思のもとに宇宙を設計し創造されたのである。したがって、真理とは正確な論理をふまえて開示されるものだ。人間は理性があるので、真理に近づける地位をしめる、ということになる。

こういう特殊な宇宙観・世界観は、中世の神学（スコラ哲学）体系で完成の域に達したが、やがてルネッサンスをへて、近代科学という世俗的な体系を生んでいった。つまり、神という超自然的な存在は背後に退いたが、近代科学の思考のベースには、こういう秩序観が厳然として存在するのである。そしてまた、現代の欧米人の心のなかから、伝統的な位階秩序観や価値観がすっかり消え去ったわけでもない。

とすれば、被造物である人工知能ロボットが、傲慢な人間に反逆をおこしてわれわれを殺傷する、というような暗いストーリーは、欧米人にとってまことに説得力をもつものではないか。

被造物は最低の位階に属する存在だが、人間がそれに理性・知性をあたえたとき、彼らが刃向かってくるのはむしろ当然なのである。

シンギュラリティ仮説にたいする欧米人の悲観論や警告は、そういう根深い宗教的畏《おそ》れとむすびついている。それらをまとめたバラットの著書『人工知能――人類最悪にして最後の発明』に登場する悲観論者たちは、中世の宗教観にとらわれるほど信心深くはないし、時代遅れでもないだろう。だが、しみついた文化が、無意識のうちに警戒心をうながすのだ。

一方、近代科学のもたらした宇宙観の世俗化は、「人間が神になる」という下克上を正当化したともいえる。人間は理性をもつ存在であり、動植物のなかでもっとも進化した上位の存在である。だからこそ人間は、理性と科学技術の力で宇宙・世界を進歩させていく使命をもっている、というわけだ。何ともおめでたい、脳天気な考え方ではないか……。

そこには、偶然がかさなる生物進化の過程でたまたま出現した生物種である人間が、限定された認識能力で主観的・相対的に周囲環境を観察している、という思想はない。神は天上から客観的・絶対的に地上を見下ろしていたのだが、今や人間が神の視座に座っているのである。人間が絶対的な観察者なのだ。

シンギュラリティ仮説を奉じる人々は、だから、次のように無邪気に考えているにちがいない。――神はいなくなったし、すべてが物質的存在であって、何らかの物理的ルールにしたがって作動している。とすれば、人間の体のメカニズムを理性的に探究し、人間に近い存在を創り出すこともできるはずだ。具体的には当面、脳を探究し、脳のメカニズムを再現するコンピュータを創り出そうではないか。コンピュータ技術の進歩速度からすれば、もうその日は遠くない、と。

カーツワイルのような楽観論者は、シンギュラリティが到来しても、人間にロボットが逆らうことはない、と確信している。まるで、大昔の貴族が下僕の忠誠を信じているようなものである。いくら人工知能の能力が向上しても、ロボットは永遠におとなしく人間に奉仕する有用な下僕だと思いこんでいるのだ。被造物は人間より下位の存在であり、人間は今や神だから、だろうか……。

誤解された情報理論

シンギュラリティ仮説の信奉者は、徹底的な「人間機械論者」である。人間という生物は、頭のてっぺんからつま先まで、すべて機械だと思いこんでいるのだ。一回性のある生命と再現性のある機械とを峻別《しゅんべつ》する議論など、いくら聴いても馬の耳に念仏なのである。これも、一神教的宇宙観の世俗化によって出現した浅薄な宇宙観と関係がふかい。宇宙を設計しその運行を統べる絶対的な神の視座から眺めれば、人間も一種のルールにしたがって作動する機械的存在に見えてくるからだ。

ことはシンギュラリティ仮説の信奉者だけではない。実は、情報科学が本格的に発足した半世紀以上前から、これに類した学問的傾向は始まっていたのである。

コンピュータとサイバネティクスについてはすでに前述したが、これらとほぼ同時期の一九四〇年代終わりに、通信工学者のクロード・シャノンが情報理論を提唱した。コンピュータ、サイバネティクス、そして情報理論という三点セットをもって、情報科学が正式に誕生したといっても過言ではない。二〇世紀初めから、物質やエネルギーとならぶ重要概念として「情報」があるといわれていたが、実体は曖昧なままだった。情報の量的な扱いを可能にしたのが、この理論だったといえる。

情報理論は、ある情報が伝えられたとき、その「情報量」をあたえる。内容は確率論的なもので、滅多におきないような珍しい情報の情報量は大きく、陳腐な情報の情報量は小さい。詳しくいえば、確率 p で生起する情報の情報量は「$-\log p$」であたえられるのだ。(2)

たしかに、大横綱が負けたというニュースのもつ情報量は、平凡な平幕力士が負けたニュースの情報量より大きそうだ。直感とも合っているので、情報理論は全世界の注目をあびた。優秀でも地味な研究者だったシャノンは、たちまち有名人になり、通信工学関係者だけでなく、ひろく文系理系にわたる学者たちが、情報理論に夢中になったのである。

ここに誤解をまねく落とし穴があった。

「情報」というと誰しも、何かしら役に立つもの、「価値＝意味（significance）」があるものだと思うだろう。まさにその通りで、社会で通用しているあらゆる情報は、人間にとって価値のあるものだ。われわれはテレビやネットから情報をえるが、それは有用で興味を惹《ひ》かれるからである。より広くいえば、人間だけでなく、いろいろな生物も、餌や敵などに関する情報によって生きている。ハチは蜜のある花の場所の情報を仲間につたえる。DNAも遺伝のための情報である。つまり情報とは、生命的なものといってもいい。

だが、シャノン情報理論の対象は、右のような広義の生命的な情報をあつかうものでは全くなかったのだ。そこで扱われる情報とか情報量とかの実体は、あくまで通信工学的・機械的な記号に関するもの以外ではない。意味や価値とは無関係なのである。周知のように、われわれ人間は社会的生物なので、言葉などの「記号とそのあらわす意味内容」が情報だと思っている。ところが、シャノンの情報理論は、意味内容とは一切関係なく、記号の伝送効率のみに関わる理論なのである。

シャノンは当時、ベル電信電話研究所の研究者だった。音声をいかなる電気信号に変換すればノイズ（雑音）を防ぎ効率よく送受信できるか、といった問題ととりくんでいた。だから電話でどんな意味内容の会話がおこなわれているか、などということとは無関係なのは当然だろう（実際、シャノンの論文「通信の数学的理論」の最大の独創性は、ノイズを防ぎつつ、通信路の容量ぎりぎりまで効率よく記号をおくるための巧妙な方法の提案にあった）。

だが、シャノンの発表した論文は表面上、いかにも記号と意味内容をふくむ「情報」を対象にしているような印象をあたえたのである。このため、「意味」の扱いをめぐって、機械的な情報と生命的な情報との致命的な混同が起きてしまったのだ。

実は、シャノン自身は、自分の議論が意味伝達を対象にしたものではないということを明確に知っていた。誤解を招いた責任は、シャノンより年長の数学者ワレン・ウィーバーという人物にある。一九四八年に発表された記念碑的論文「通信の数学的理論」は初めベル研究所の紀要に書かれたのだが、これが評判になったので、翌年の一九四九年、ウィーバーの解説をつけ、二人の共著単行本として出版された。本文はかなり専門的な通信工学の議論だが、解説は素人向けに書いてあるので、多くの読者はこちらしか読まない。そして、この解説には、「意味的な通信に対してもこの議論が有用だ」といった、とんでもなく誤解を招く表現がふくまれていた。(3)

シャノン情報理論が招いた誤解の弊害はおそろしく大きい。今でもこの理論こそが〝情報の基礎理論〟だと信じている人は、IT専門家の中にも多いのである。シャノンの業績は通信工学的には確かに立派なものだし、今でも画像圧縮などに利用されている。だが、意味を扱えない情報概念を、いったい情報学の基礎に位置づけてよいのか？

ここには、単なる誤解として片付けられない、巨大な問題が含まれている。端的にいうと、たとえ意味を扱えなくても、記号の伝達だけで情報社会を築ける、という漠然とした思い込みが一般的風潮となり、だんだん広がってしまったのである。

ウィーバーがとくに愚かだったわけではない。なぜなら、そこには伝統的な西洋の宇宙観の残滓《ざんし》があるからだ。たとえば私が誰かに、ちょっとした相談事についての電子メールを送ったとしよう。私の真意が相手にキチンと伝わるとは限らないので、凡夫の私は悩む。だが、神は全知全能で、天上から全《すべ》てを見通しておられる。いったん神の視座に立つなら、記号さえ送ればすむ。閉鎖系同士のコミュニケーションも、開放系同士の記号授受に還元されてしまい、意味内容が伝わったかどうかなど、くよくよ悩む必要はなくなるのだ。

実際、コンピュータ間通信なら、記号の送信がそのまま指令の伝達に対応する。シャノンの情報理論は、コンピュータ内部の信号伝送をふくめ、機械的な通信には一〇〇パーセント有効なのだ。コンピュータ・エンジニアにとって、情報理論はまさに頼りになる理論なのである。

というわけで、人間機械論は、シンギュラリティ仮説や汎用人工知能の信奉者にとってまことに都合がいい。0と1のデジタル信号を誤りなく伝送すれば、送信先のメモリーには完全なコピーができあがる。だから原理的に、脳のリバース・エンジニアリングで汎用人工知能ができるだろうし、マインド・アップローディングで人間は不死になる……そういう議論が出てきても不思議はない。

だが、ここで頭を冷やして考えてみる必要がある。われわれはゾウリムシのような原始的生物さえ、製造することはできないではないか。それなのに、いったいなぜ、複雑なホモサピエンスの脳を「コピーする」ことができるのか、と。

疑似コミュニケーションと自由意思

人間機械論は、シャノンの情報理論をもとに汎用人工知能を語るためには好都合だが、すべての欧米人にとって支持できる議論ではない。なぜなら、それは人間主体の「自由意思」を否定してしまうからだ。(4)

理性をもつ人間が、自らの意思にもとづき、自律的に倫理的・道徳的な判断をする自由をもつ、という考え方は、欧米社会において広くみとめられている。自由意思とは近代人にとって最重要なものなのだ。それは倫理道徳のベースでもある。

なおここで、「自律性（autonomy）」という概念について少し補足しておかなくてはならない。

前章で強調したように、ネオ・サイバネティクスによれば本来、生物は閉鎖系であり自律システムである。生きるために外部環境から自分で意味・価値のあるものを選びとり、独自の内部世界を構成するのが生物の特徴だ。だが、自由意思によって守るべきだと主張される「社会的な自律性」は、これよりもっと狭い。人間は生物だから、機械と違ってむろん自律的なのだが、自分の行動や判断を省みて、それが自ら信じている正しい基準から外れていると思うとき「自律性を奪われた」と感じるのである。外部環境は、多様な制約を押しつけてくる。それでも何とか頑張って、自由意思にもとづく正しい行動をとるのが、「自律的な生き方」なのである。

自由意思と結びついたこういう社会的な狭義の自律性は、もともと人間が生命的な広義の自律性をもつ存在だからこそ、求められるのだ。「こうでなくてはならない」と自律的に考えるわけである。そこで本書では、とくに断らないかぎり、自律性を生命的な広義のものとする。一方、機械はもともと他律的存在だから、広義だろうが狭義だろうが、自律性とはまったく縁がない。「自律的な機械」などと宣伝しても、実はただ表面的にそう見えるだけの話である。

人間機械論という仮定のもとでは、情報は記号そのものだ。だから、ノイズさえ防止すれば、送り手からの情報は、小包のようにそっくりスポンと受け手の脳に入力される。原則として意味解釈がゆらぐ余地は無い。機械は開放系であり、他律的だから、このとき情報伝達はまさに「指令」の伝達となる。

だが、実際の人間同士のコミュニケーションの場面では、明らかに受け手によって意味解釈はさまざまにゆらぎ、送り手の意図が誤解されることも少なくない。これは基本的に人間が自律的閉鎖系であり、相手の心のなかは原理的に不明だからである。誰もがみとめるように、恋人の胸中はたがいに推定しあうことしかできない。

こういう不可知性が、自由意思という概念と密接にむすびついているのは明らかだろう。相手の意味解釈に幅があり多様な選択をおこなうということは、相手が自由意思をもっているということに対応する。こちらの思うとおりに指令しようとしても、そう簡単には行かないのだ。機械がこちらの思うとおりに作動しないとしても、その原因は単にこちらの知識不足だからだが、相手が自由意思をもつ人間のときは、原理的困難があるのである。人間同士のコミュニケーションとは基本的に指令の伝達ではなく、説得や了解や共感にもとづく相互の創造的な行為に他ならない。だからこそ、ここで「責任」も問われることになる。

さて以下、いったん人間機械論から離れ、「自由意思をもつ閉鎖系」として人間を正しくとらえ直そう。人工知能はいかにして人間と情報交換するのだろうか。人間にとって貴重な自由意思は、人工知能にとっては逆に「意味解釈」という厄介な問題を引きおこす。

ここでいう人工知能は、物理的なロボットだけでなく、ネットのなかで機能するヴァーチャルなエージェントでもむろん構わない。「人工知能エージェント」などというと大袈裟《おおげさ》だが、人間のかわりに知的な活動をしてくれる存在のことである。たとえば機械翻訳をしてくれる自然言語処理プログラムもその一種だ。汎用人工知能の信奉者にとっては、物理的に動き回るロボットよりむしろエージェントが本命だろう。

人工知能エージェントは、人間と「疑似コミュニケーション」をおこなうことになる。本来のコミュニケーションは閉鎖系のあいだで実行されるものなのだが、ここでは閉鎖系と開放系の情報交換だから「疑似コミュニケーション」なのである（人工知能エージェントを介した人間同士のコミュニケーションも、結果的に疑似コミュニケーションとなる）。

言葉による疑似コミュニケーションにおいては、二つの相反する力がはたらく。人間は意味解釈の幅を自由に広げようとするし、人工知能は逆に意味解釈の幅を狭めようとするのだ。実際、自然言語処理の「意味処理」というのは、多義的な言葉の意味をなんとかして一義的な解釈に絞り込むためのものなのである。となると、いったい何が起きるだろうか？

思索的なコンピュータ研究者であるドミニク・チェンはここで、ウィーナーが懸念した「人間の計算機的な扱い」という問題が生じると警告し、その理由を次のように述べる。

コミュニケーションとは常に（カントの道徳法則を巡る定言命法よろしく）相手を他律的な指示（instruction）の対象と見なすことと、相手を自律的に意味（meaning）を生み出す存在と見なすことの両義性に挟まれる現象だからだ。（中略）相手から特定の行動を引き出そうとして繰り出される表現は指示的である。大局的な視点に立ってその会話のプロセスを捨象すれば、コンピュータに対する命令と実質的に変わらない。（中略）充分に膨大なデータを介した機械学習を経た、人間レベルの範囲の認知能力を持つ人工知能であれば、私たち個々人を最も活性化させる経路を介して働きかけるようになるであろうことは原理上、想像に難くない。(5)

要するに、疑似コミュニケーションにおいて心配されるのは、人工知能が人間を他律的な指令（指示）の対象とし、巧妙にあやつり始める、ということなのだ。チェンは、これを批判し、相手を制御するのではない、生命的なコミュニケーションの可能性をさぐろうとする。私はチェンの意見に共感するのだが、汎用人工知能の信奉者は、必ずしもそうではないだろう。彼らはあくまで人間機械論の視点に立ち、徹底的に生命的価値を排除して機械による「進歩」をめざすからだ。

4・2　社会メガマシン

不透明な機械

汎用人工知能（AGI）の出現によって明るい未来がひらけると信じていた読者にとって、残念ながら期待を裏切る記述になってしまったようだ。だが、人工知能（AI）という技術を本当に人間の役に立つものにするためには、安っぽい夢想は禁物なのである。

注目されている深層学習にしても、第二章でのべたように、人工知能が獲得するといわれる「概念」は、人間社会で通用している概念と一致するとは限らない。そんな存在がビッグデータを処理し、いろいろな場面で勝手に社会的決断をくだしていったら、いったい何がおきるか見当もつかない。

さらにそんな人工知能が次々に「もっと賢い人工知能」を生み出すとしたら、出現するのは、人間の理解できないことをし放題の大魔神である。われわれはなぜ、大魔神のような超人工知能（ＡＳＩ）の指令に無抵抗で従わなくてはならないのか？　いったいそれが、生身の人間の生活に役立つ技術なのだろうか？

そういう疑問をふまえて、近未来のコンピュータ文明のあり方をさぐるのが本書の目的なのだ。

とはいえここで、一部の人工知能研究者から次の反論が出てくるかもしれない。――汎用人工知能や超人工知能を批判する根拠として機械と生物との違いをあげるのはおかしい、もともと「知能（intelligence）」と「生命（life）」とは分けて考えるべきではないのか、と。「知能」というのは目標を達成するための問題解決能力であり、生物が生きるための目標つまり評価関数の設定そのものとは異なるはず、と。

なるほど、人間が生存目標の達成のため、他の生物より複雑な方法や手段で問題を解決することは確かだ。太古から綿密な計画をたてて狩猟採集や農耕牧畜をしてきたし、その延長上に、企業経営など現代の多様な経済活動も位置づけられるだろう。そこでおこなわれる言語活動、つまり記号の論理的操作が「知能」だとすれば、これを高度に発展させたものが人工知能だということになる。

だが、決められた目標を達成する問題解決能力だけが知能だとすれば、純粋な知能の守備範囲はとても狭くなってしまう。たとえば、あるコンビニでの「オニギリの今月の売上高を計算する」という具体的な目標にたいして、単純な加算をするのが知能ということになる。これなら電卓で十分だ。本当の目標はそうではなく、「当コンビニ全体としての利益を最大化する」といった抽象的で大きなものである。となると、この大目標を「どんな商品をどれだけ仕入れるか」「商品の棚への配置はどうするか」「アルバイト従業員は何人にするか」などの中小目標にブレイクダウンし、さらにそれら各々を多様な問題群として組みたてていく、という知的操作がどうしても必要になる。つまり、問題解決というのは、そのなかに細かい小さな目標（評価関数）の設定をもふくんでいるのだ。

論理的にものを考えるということは、単に所与の具体的問題の解決だけではない。抽象的な高レベルの問題解決のために、具体的な低レベルの問題群（目標群）を作成することでもある。そして、まさに汎用人工知能（AGI）はそういうことが可能な、汎用の知性をもつ存在と見なされているのである。

さて、人間の目標設定は「生きる」という価値軸にそっておこなわれる。権力や利益を追求したり、美味《おい》しいものを食べたり、魅力的な異性を追いかけ回したりするのは、すべて広義の生存目標と切り離せないのだ。それなら、身体に支えられた「生きる」という衝動をもたないコンピュータは、いったいどのような「知能」活動をするというのか？　知能とは本来、生物進化の過程で出現したものであり、生命活動から不可分なのである。カラスのような動物でさえ、大都会で生き抜くために、それなりの知能をもっているとも見なせるだろう。目標設定のためには価値観がはっきりしていなくてはならないし、価値観は主体がもつものだ。主体性とは自律的な生物がもつ性質で、神様からいただいたものではない……。ユダヤ＝キリスト教の偉大さには心から敬服するものの、信者ではない私はそう判断せざるをえないのである。

とはいえ、ユダヤ＝キリスト教の文化的伝統をもつ欧米の研究者は、汎用人工知能の「知性」を信じこむかもしれない。そして、経済格差から地球環境、民族問題、テロ対策、難病撲滅まで、あらゆる二一世紀の難問を、大魔神である汎用人工知能・超人工知能に丸投げしようとするかもしれない。

ここで心配されるのは、汎用人工知能の「不透明性（疑似閉鎖性）」である。前述のようにコンピュータは開放系で、人間のつくったプログラムにしたがって他律的に動くので、原理的にはその作動の詳細をたどることができる。だが、実際にはこれは非常に面倒だ。私は若い頃、大規模なプログラム開発に従事していて、約一万行のソース・プログラムを担当した経験があるが、さまざまな入力データに関してその作動の詳細を理解し出力を予測するのは、恐ろしく厄介な作業だった。

汎用人工知能は、仮にできたとしても、何億どころか何兆行をこえる超大規模なプログラムになることはまちがいない。それはビッグデータを扱うから、多くのコンピュータや多種多様なデータ群にまたがる分散処理で実行されるだろうし、作動の内実を詳細に分析することは困難をきわめるはずである[6]。さらに、シンギュラリティ仮説の信奉者がいうように、汎用人工知能が自分でプログラムを書き換え、さらに賢い汎用人工知能をつくっていったとしたらどうなるだろうか。結果として、汎用人工知能の作動の内実を人間が知り出力を予測することは、事実上、不可能となるはずである。

前述のように、人間同士がコミュニケーションをおこなうとき、相手の心中は原理的に不可知であるからこそ、相手の自由意思をみとめることができる。相手がウェブのなかにいる人工知能エージェントであるとき、こちらの働きかけ（入力）にたいする相手の反応（出力）が予測不能になれば、いったいどんな感じがするだろうか——ついには、人工知能エージェントが主体的で自律的な意思をもっている、と信じこむ人さえ出てくるはずである。実際、今でも、ロボットが主体的に会話し行動していると信じこみたい人は少なくないのだ。

汎用人工知能は人間より「賢い」のだから、その判断は正しく、われわれはその指令にしたがうべきだ、ということになる。これこそ、まさに人間を支配する大魔神の降臨でなくてなんだろうか[7]。

冷静に判断すれば、真に人間より賢い汎用人工知能だの超人工知能だのが近々あらわれる可能性は、まずない。シンギュラリティ仮説など、一神教文化の世俗化がもたらした虚妄である。

とはいえ、その実現をめざして、巨額の資金にもとづく研究が繰り広げられ、何やら大魔神めいた汎用人工知能の宣伝が、マスコミを賑《にぎ》わせるようになることは十分に考えられる。汎用人工知能と称するコンピュータ技術がビッグデータ分析に従事しはじめる日もそれほど遠くないだろう。このとき、いったい何が起きるのだろうか。

人間はもともと自律系なので、根源的な自由をもっている。とはいうものの、現実には割合に不自由な社会のなかに組み込まれて行動している。誰もが、企業や官庁、学校、家庭などさまざまな社会集団のメンバーであり、所属する社会集団のコミュニケーションに参加しながら暮らしている。この社会集団は情報学的には一種のコミュニケーション・システムなのだが、そこではコミュニケーションが集団内のメンバーによって循環的に生み出されている。だから社会集団も自律的なコミュニケーション・システムと見なせるわけだ(8)。

さて、この社会集団から見れば、個々のメンバーはそれぞれ役割をもっていて、いわば、コンピュータのように決まった機能をはたしている。つまり、人間は、本来は自律的なのだが、社会的制約のもとで、あたかも他律システムのように振る舞っているのである。

そうはいっても、人間がコンピュータのように正確無比に作動しているとは、誰も思っていない。たとえばバスの運転手は決まった路線を定刻通りに運転しているが、疲れてくると運転が荒くなったりする。その代わり、交通事故のときは、臨機応変に迂回《うかい》してくれたりもする。脚を怪我《けが》して杖《つえ》をついた乗客の乗り降りを手伝ってくれることもある。バス運転手は、いつもは他律的な自動運転ロボットのような機能をはたしているのだが、本当は血の通った生身の人間で、家族もあり、自律的な心をもっていることくらい、誰でも知っているのだ。

この社会集団のなかに人工知能エージェントが参入してきたらどうなるだろうか。すでに自動運転機能はさかんに自動車メーカーで研究されているし、むろん悪いことばかりではない。疲れを知らない運転ロボットは、気候条件や道路混雑状況に適切に対応し、効率的かつ安全に乗客を目的地まで運んでくれるだろう。ただ、怪我人には手を貸してくれないだろうし、事故時の臨機応変の措置などはあまり期待できない。乗客としては、自動運転機能を活用するにせよ、万一にそなえて人間の運転手もいてほしいと思うはずである。

要するに問題は、人間と人工知能エージェントの協働の仕方なのだ。

われわれの〝上〟で大魔神が君臨するなら、つまり、「汎用」と称する人工知能がビッグデータ分析にもとづいて社会的判断を実行し、枢要な決定を次々に下すとなると、ことはひどく厄介になる。

たとえば、株の売買など、金融の運用については、すでに人工知能が一部取りいれられているようだ。この傾向は加速されつつある。やがて、金融や経理事務などにくわえ、法律運用や人事管理、教育など、社会集団のさまざまな面で、人間のかわりに大魔神が意思決定をおこなうようになるかもしれない。

このとき社会集団の中の人間は、大魔神である人工知能の指令にしたがう、完全に他律的な存在、機械的な作動単位に貶《おとし》められてしまう。すでに、「職場業務のＩＴ化」の掛け声のもとで、あらゆる社会集団がそういう方向に変わり始めているのだ。

むろん、チャップリンのモダンタイムスの時代とちがって、露骨に奴隷のような歯車になれと強制されるわけではない。だが、「感情をもつ（ように装う）人工知能」はいっそう巧みにわれわれを精神的にあやつり、疑似コミュニケーションをしながら、われわれにさまざまな指令をあたえ続けるのである。

これはいわば「社会メガマシン」の登場に他ならない。人工知能によって予《あらかじ》めきめられた計画にしたがって、どこまでも細部にわたるルールが規定され、大魔神のお言葉に逆らえない人々を巻きこみながら、万事がしずしずと運行していく。

ここで少なくとも二つの問題が生じる。第一は、人工知能の指令のもとでは、状況におうじた臨機応変の措置がとれないことである。すでにふれたように、プログラムとは前もって論理的処理を準備しておくことであり、また、ビッグデータ分析とは所詮、過去のデータを統計的に整理した結果にすぎない。要するに、生物はリアルタイムで現在に生きている存在なのにたいし、機械はあくまで過去のデータによってキッチリ規定される存在だということだ。

創造的な自由とは、生命的なものである。だから人間は、千変万化する状況のもとでも、融通をきかせて行動できるのだが、社会メガマシンはそれを阻害する。たとえば、駅のホームで、眩暈《めまい》がした客がふらついて線路に落ちそうになったとき、とっさに手を差し伸べるより、どこかにある非常ボタンを探さなくてはならない。「危険な状況では非常ボタンを押せ」という指令を遵守するとそういうことになる。社会メガマシンのもとでは、本来機械的ではない人間が行動を制約され、みずから機械に近づいていってしまうのだ。

第二は繰り返しになるが、基本的に人工知能には、問題解決はできても目標設定は無理、ということである。なぜなら目標というのは、生命活動と直結して「(特定の状況で)何が大切か」という価値観にそって設定されるからである。

にもかかわらず強引に、万能の存在とあがめて問題を丸投げすれば、大魔神の人工知能はそれなりの一般的な論理を組み立て、何らかの疑似目標をつくりあげるだろう。だが、それは途方もなく奇妙なものではないか。

たとえば、今の日本社会は、高齢化社会で年金や医療費の高騰にくるしんでいる。問題解決のために大魔神は、「高齢者医療の自己負担率を一〇〇パーセントにする」という目標をたてるかもしれない。そうすれば、少数のお金持ちの老人は病院でたくさんのお金を払うことになるし、大多数の貧乏な老人は病院にいかず、ひっそり死んでいく。老人のタンス預金は市場に出回るし、老人の数そのものが急速に減り、高齢化社会から脱却できる。何とよいことばかり、だろうか……。

人工知能には生命尊重という価値観がないので、こういう意思決定もありうる。一事が万事で、人工知能が君臨する社会とは、論理は一貫していても、社会通念を無視した、ぞっとするほど冷酷なものになりがちなのだ。

もっとも、別の可能性もある。汎用人工知能の実現をめざす人々は、さすがにそこで立ち止まるだろうからだ。そして、熟考の末に、ひそかに目標設定に介入してくるのではないか。つまり、表向きは大魔神である汎用人工知能の権威をふりかざしながら、支配層やその部下であるプログラム開発者たちが、裏でこっそりと自分たちに都合のよい目標（評価関数）を、汎用人工知能の内部パラメータとして組み込むかもしれない。そんな操作くらい、技術的には大して難しくないのである。複雑大規模なプログラムの中身は事実上、部外者には分からないからだ。こうして、コンピュータを人間に近づけるという名目のもとに、実はコンピュータを介して人間を奴隷に近づける計画が巧みに進められていく。

一神教的な支配とは、ほとんどそんなものである。絶対者の権威のもとで、統一的な支配の論理が言《こと》あげされ、下々の人々はそれに従わざるをえない。ところが実際には、絶対者は空っぽで、一部の支配層の人間たちが都合のよいように社会を動かすのである。シンギュラリティ仮説をそんな計画の一環と見なすのは、うがち過ぎというものだろうか。

プライバシーとセキュリティ

汎用人工知能（ＡＧＩ）といういうふれこみの大魔神が君臨する社会で、とりわけ困った点は、それが「無責任社会」になることである。

なぜなら、人間が生きる社会であるのに、さまざまな意思決定をおこなうのは、人間でなく「賢い機械」だからだ。機械は他律システムだから、自由意思による選択をおこなうわけではない。責任を問われる理由などないのだ。右にのべたように、もしかしたらそこには、機械をよそおった支配層の意思や判断もまぎれこんでいるかもしれないが、彼らは決して責任をとろうとはしないだろう。[9]

ここで、社会メガマシンが引き起こす、より身近な問題を検討してみたい。

第一章でのべたように、ビッグデータ社会で最大の問題のひとつは、プライバシーである。われわれがアクセスするネット上のサイトはすべて検索ソフトによって把握され、オンライン・ショッピングで購入した商品はすべてデータベースに記録される。ＳＮＳでの発言内容はいうまでもない。高機能なスマートフォンを使っていると、どこに勤務し、誰と交友関係にあり、どんな趣味をもっているかも分析されてしまう。それどころか、どれだけ貯金や借金があり、どんな持病があり、いかなる悩みをかかえているかさえ、容易に調べがつくのである。われわれの生活はいわば丸裸にされてしまうのだ。

プライバシーとは「他人に知られたくない私的な事柄を秘密にすること」だと考える人は、生活の細部を知られるだけで不愉快になる。だが、ことはもっと大きい。より広く、プライバシーとは「自分の生活を、干渉されることなく主体的につくっていく権利」だと考えることもできる。実際、購入商品や趣味を分析して、しつこく送られてくるターゲティング広告などはうるさいものだ。広告ならまだいいが、もし生命保険会社が健康状態や診療結果のデータを入手し、持病の有無をベースに保険料を決めるとなれば、事態はますます深刻となってくる。

むろん、個人情報保護をはじめ、プライバシー防止策が無いわけではない。代表的なのは、「オプトアウト」や「告知にもとづく同意」である。

オプトアウトとは、自分のデータの利用拒否を利用者側に連絡して、利用をやめさせる権利や制度のことだ。ただしオプトアウトには、利用されていることをこちらが知らない場合が多いという欠点がある。第一章でふれた「告知にもとづく同意」は、利用者側がデータ利用の目的や用途をこちらに告知して、いちいち同意をえるという制度である。これの問題は、ビッグデータの創造的活用のためには、あらかじめ用途を決められないという点に他ならない。データ同士の思いがけない相関関係から新たな知識がえられる、という二次利用がビッグデータ分析の最大の利点だからだ。

そこで、「告知にもとづく同意」のかわりに、「利用者責任」を提案する意見もでてくる。(10)

この考え方は、データ収集のとき個別にわれわれの同意をもとめるのではなく、収集したデータの利用によってわれわれに悪影響がおよんだ場合には利用者側が責任をとる、というものである。利用者側は、裁判沙汰をさけるため、どのような危険があるかを事前によく調査せざるをえなくなる。誰かが不利益をうけたとして訴えれば、利用者側は法外な賠償金をとられる恐れがあるからだ。

プライバシー保護にかぎらず、万一困った事態になったときに対処するという考え方は、ビッグデータや人工知能の技術が活躍する社会では主流になっていくだろう。たとえば、人工知能で動く自動運転のクルマの安全性は、いかにして保証するのだろうか。現実にはとりあえず走らせてみて、自動運転車が重大な人身事故を起こしたときにはじめて責任問題がクローズアップされる、という順序になるのではないだろうか。

ここで私が心配するのは、社会メガマシンのもとでは、最悪の場合、誰も責任をとらないのではないか、ということなのだ。

何しろ、「賢いはず」の人工知能がデータを分析し、意思決定し、指令をくだしているのである。しかもその細かい論理の内実は、かぎりなく不透明そのものなのだ。自動運転にかぎらず、人工知能のくだした誤判断を製造物責任などの法的手段で追及しようとしても、経営者だけでなく、システム設計者だの、プログラマだのの責任が入り交じり、うまく解決できる保証も制度もありはしないだろう。

してみると、巨大な社会メガマシンに万人が機械的要素のように組み込まれるという事態は、ひどく恐ろしく思えてくる。プライバシーだけでなくわれわれの安全性、セキュリティが脅かされるのである。

これまで、ビッグデータ分析によって、社会の安全性は高まるといわれてきた。たとえば、高速道路やトンネルなど老朽化したインフラの保守に、センサーとビッグデータ分析による警告制度を活用すれば、セキュリティは改善されるように思える。だが、これについても、保守作業の責任の所在が不明確になるのなら、あまり信用できないではないか。

とりわけ、プライバシーに関連したセキュリティ上の難問がある。いわゆる「プロファイリング」とむすびついた個人の社会的監視だ。プロファイリングとは、いろいろな犯罪にたいし、それを犯す人間の特徴つまり犯人像を過去のデータから統計的に推定することである。たとえば幼児を対象にした性犯罪をおかす人物は、こういった身体的特徴や性格をもち、こういった行動パターンをとることが多い、といった分析である。このときビッグデータが活用されるのは当然だろう。

プロファイリングは、犯罪がおきた後で容疑者を絞りこむために用いられるのが普通だが、常日頃から人々を監視しておき、事前に予防線をはるために用いることもできる。ビッグデータ分析によって、人間は一塊のデータに還元されてしまうからだ。たまたま犯罪者と同じような特徴をもつ人物は、人工知能の指令によって、何もしていないのに見張られ、疑いをかけられるということになる。

これは一種の悪夢だが、グローバリゼーションとともにテロが横行するようになれば、プロファイリングによる司法の網掛けは、必要悪とみなされるかもしれない。政府には市民の安全を守るという使命がある。それゆえ、「告知にもとづく同意」などの手続きは無視し、ひたすらデータを収集して捜査対象者を監視しつづける。そこでもし、誤認逮捕や冤罪《えんざい》が発生したとき、いったい誰が責任をとるのだろうか。

要するに、人工知能が君臨する社会メガマシンのもとでは、これまでわれわれが遵守してきた法や道徳、正義といった概念がすべてガラガラと崩壊してしまう恐れがあるのだ。

その主な原因は、根本的には、主観的・自律的な生物と、客観的・他律的な機械との混同、両者をわかつ境界線の無視にある。この相違を直視しないと、とんでもない事態に陥るのである。

シンギュラリティ仮説の信奉者は、こういう事態の到来をどう考えるのだろうか。客観的なデータの分析はむろん大切だが、個々の人間は唯一の心(意識)をもち、主観的な世界に生きているのだ。

彼らの総大将であるカーツワイルは、さすがにこの点をまったく無視しているわけではない。実際、カーツワイルははっきり明言するのである。――「主観的な経験はまったく存在しないか、あったとしても本質的なものではないので無視してもよい、という見解にたいしては反論したい。誰に、またはなにに意識があるかという問題、および、他者の主観的経験の性質は、われわれの倫理的、道徳的、法的概念の基礎をなしている[11]」と。

にもかかわらず、カーツワイルの発言をじっくり吟味すると、どこかあいまいで奇妙という他はないのだ。「われわれは他の存在の主観的経験を、直接客観的に測定して理解することはできない」のだから、きわめて知的な機械が自分たちにも意識があると説得力をもって主張したら、われわれはそれを「受け入れるべきだ」というのである。そして結局、意識の問題は科学によって完全に解決することはできないからよく分からない、哲学者にでもまかせておこうか、となってしまう[12]。

社会の法律と道徳の基盤の核をなすのが意識の問題であり、シンギュラリティが到来したら「意識をもった（と見なせる？）機械」が登場すると予測するのであれば、少なくともそのとき何がおきるか、自分の楽観主義をよく省察し反省すべきだろう。カーツワイルのこの発言はあまりに無責任ではないだろうか。

日本のＩＴ研究開発

ここで、日本のＩＴ（情報技術）研究開発のありさまについて少し述べておきたい。スマートフォンやタブレット端末が普及した今、ＩＴの利用者は一億あまりの国民全体といってもよいだろう。だが、実際に人工知能システムの研究開発をおこなったり、それを活用したビッグデータ分析に従事したりするIT専門家は、その〇・一パーセントにも満たないほんの一握りである。

私は半世紀近く前から、IT研究開発と関わってきた。現在は情報社会論のほうに重心をうつしたので現場から離れているものの、ひきつづきプログラム開発分野で活躍している関係者との交流は今もある。そこであえて率直にいうと、日本のIT専門家は、欧米とはかなり違った特性をもっているように思えてならないのだ。

端的には、日本のIT専門家は非常に優秀であり、意欲も高い。米国シリコンバレーの研究者たちとくらべて、斬新な成果が出ないという批判の声もあるが、技術水準そのものは遜色ないだろう。とはいえ、そこに根本的、構造的な問題点がひそんでいることは、世間にはあまり知られていないのである。

たとえば、シンギュラリティ仮説の信奉者はどれだけいるだろうか？——日本のIT専門家のなかで、ユダヤ=キリスト教の一神教文化を背景にしたシンギュラリティ仮説を本気で支持する者は、実はほとんどいない。私はそう断言できる。超人工知能（ASI）が世界を支配するとか、人間が不死になるなどというのは、普通の日本人には安っぽい冗談としか思えないのである。まあ、シンギュラリティというと目を輝かせるSFマニアもゼロではないが、まともなIT専門家のなかでは例外と言っていい。

にもかかわらず、シンギュラリティ仮説はIT関係の研究者、ビジネスマン、ジャーナリストなどのあいだで大きなトピックスとなっている。ビッグデータと人工知能を組み合わせたとき見えてくる未来図として、ＩＴ専門家のあいだで真剣に議論されているのだ。いったいなぜか？――理由は明らかである。欧米のＩＴ専門家のなかに本気でシンギュラリティ仮説を信じている大秀才がたくさんいて、多大な関連研究予算がバラまかれているからに他ならない。

ここに第一の問題点がある。科学技術分野は多かれ少なかれそうだが、日本のＩＴ業界は原則として、徹底した欧米追随である。とくに米国の動向をしらべ、その技術をいち早く輸入することに長《た》けている研究者やビジネスマンが事実上のリーダーシップを握っている。彼らのような輸入営業マンは、いつも米国のニュースに聞き耳をたてていて、マスコミ受けするトピックスが見つかると、何でもよいから大声で騒ぎ立てる。その目的は、決定権をもっている素人のスポンサーに働きかけ、政府や企業から多大な研究予算を獲得することにある。より広くいえば、マスコミを通じて一般大衆の耳や目をひきつけ、ＩＴ産業全体の景気をよくすることにある。シンギュラリティ仮説もそういうトピックスの一つなのだ。

シンギュラリティ仮説の内容は途方もないので、彼ら輸入営業マンも、心底では半信半疑だろう。だが、ショッキングな内容だからこそ、素人の権威筋には効き目があるのである。スポンサーから懸念の声があがると彼らは反論する。――「ええ、もしかしたら汎用人工知能や超人工知能は人類を不幸にするかもしれない。でもね、日本が研究しなくてもどこか別の国、たとえばテロリスト国家がやりますよ。あれは強大な武器になるから、日本を攻めてくるかもしれません。だから、早く手を打つべきじゃありませんか」と。

日本の真面目なIT研究者や技術者の大半は、そういう煽り立てをキッパリ否定する論理をもっていない。基本的に欧米技術を尊敬しているので、トピックスになっているビッグデータや人工知能について、最新技術をキチンとフォローしようとする。さらに、技術的な細部の工夫や効率化に努力をそそぎ、短期的な成果をあげようと必死になる。近年の大学や研究機関には成果主義の圧力がかかっているので、この傾向にはますます拍車がかかるのだ。

二一世紀にこういう現状を続けていてよいのか？ 大切なのは、まったく違う文化的背景から出てきたシンギュラリティ仮説の中身を、根本からよく考察し吟味することである。そういう努力をせず、かわりに、ただその政治的、経済的な効果のみに注意をそそぎ、あとはひたすら、純粋に専門技術的な短期目標達成のために猛進する――これはまさに、一九八〇年代の第五世代コンピュータ開発プロジェクトがたどった軌跡ではなかったか。

あのプロジェクトが失敗した原因は、技術水準や努力の不足ではなく、リーダーの視野が狭かったことなのである。とりわけ言語コミュニケーションについての見識が決定的に貧しかったことがあげられる。そして五〇〇億円をこえる血税は泡と消えた。だが残念ながら、当時のリーダーたちからその後、深い反省の声があがったことはなかったのだ。

ここで日本のIT研究開発のもつ、第二の問題点が出現する。

断っておくが、日本のIT専門家の視野が狭いのは、彼らが不真面目で勉強不足だからではない。それどころか、彼らはおおむね頭脳明晰《めいせき》で、誠実な努力家なのだ。原因は、理系と文系を峻別する教育、そしてこれにもとづく日本の社会制度にある。さらに言えば、IT専門家を単なる「技術屋」と見なし、ITの影響力の大きさを無視して、彼らの社会的地位を低いままに保っている風潮にあるのだ。

インターネットやパソコンの普及とともに、今では、多くの職業がコンピュータ処理に置き換えられ、政治も経済も、諸活動はITを抜きにして語れなくなっている。にもかかわらず、社会の機構や制度を動かしているのは相変わらず高い地位にいる文系の人々である。彼らはITの内実についてほとんど知識をもっていない。プログラムを書いたこともない。そして、必要におうじて「技術屋」を呼びつけ利用すればよいと思っている。

だが、もしシンギュラリティ仮説が真実だとすれば、その影響をまともに受けるのは、政治や経済をはじめとする社会の機構や制度ではないのか。とすれば、文系と理系にまたがる知識教養を身につけたIT専門家チームによる、本格的な深い検討が不可欠なはずである。そういう人材を育ててこなかったことが、最大の失敗だったのではないか。

むろん、そこには歴史的な経緯もある。二〇世紀後半の汎用大型コンピュータ（メインフレーム）全盛期には、ITの利用範囲はかなり限られていた。ユーザーも理系中心で、大規模な数値計算や事務処理など、正確なデータ処理さえ効率的におこなえばよかったのである。

これは、情報を単なる記号（データ）ととらえる世界、シャノン情報理論だけで物事が片づく世界だ。つまり、コンピュータによるデータ処理とは機械的で客観的なもので、それは生命的で主観的な世界から隔絶されていると考えても、ほとんど問題はなかったのである。だからIT専門家は、純粋にコンピュータ技術とその効率的応用に専念していればいい。人間や社会に関する文系の知識教養など無縁でも構わなかったわけだ。

今や時代は変わった。一般の人々がスマートフォンやタブレット端末の扱いに習熟し、ネットをベースに生活している。携帯電話でやりとりする感情のこもった情報も、コンピュータからすれば0と1の信号からなるただのデータだ。情報はそもそも、人間の生きる価値や意味と直結している。だから、情報と、コンピュータで処理するデータとの関係を、根本から問い直さなくてはならない。ビッグデータ分析に人工知能が活用され、それがもしかしたら人間以上の知力をもつというのは、ITによるビジネス振興や経済効果といった地平をはるかに超えた、二一世紀の巨大な文明論的テーマなのである。

実は手短にいうと、シンギュラリティ仮説は、人文学的にはすでに古臭い思考パターンに属している。前述のように、昔の西洋世界には神を頂点とする絶対的な位階秩序があったが、やがて近代になると、それが理性をもつ人間による客観的で論理的な秩序に変わっていった。二〇世紀初めの哲学的な論理主義は、その典型的な現れといえる。コンピュータによる記号計算によって万物のありさまを客観的に正しく記述できるという人工知能の考え方が、基本的にこれから派生していることは言うまでもない。

だが、周知のように二〇世紀後半には、おもに白人男性が築いてきた絶対的秩序観は徐々に突き崩されていった。有色人をふくめ多様な価値観をみとめる構造主義が支持をあつめ、主観的で相対的な秩序観が当然のものとされるようになった。環境保護者や生態学者は今や、人間が動植物より上位だという考え方にも疑問をつきつけている。

こう眺めてみると、シンギュラリティ仮説がいかに時代遅れか、はっきりしないだろうか。その信奉者たちは相変わらず、昔の絶対的位階秩序の幻影にとらわれているのだ。神のかわりに、汎用人工知能や超人工知能を大魔神として崇《あが》めているのである。

……というわけで、そろそろ日本のＩＴ専門家も、目覚めるときが来たのではないか。欧米の動向を追いかけるだけでなく、異なる文化的背景をもとに独自の建設的な活動をしてもよいのではないか。

私はとくに、日本の若いＩＴ専門家が、文系をふくめた広い見識を身につけ、社会の指導的な地位につくことが望ましいと考える。そのための条件について、次章でさぐっていくことにしよう。

第五章　集合知の新展開

5・1　ビッグデータと集合知

集めると正解になる

シンギュラリティ仮説の愚劣さは、人間社会が生命的な価値によって支えられているにもかかわらず、ビッグデータや人工知能によって人間社会を機械的に統御できると勘違いしている点にある。そのかわりに、生命的な価値をITのなかに導入し、ビッグデータや人工知能をうまく活用するにはどうすればよいだろうか。

鍵は「集合知（collective intelligence）」にある。いったい何故《なぜ》かを述べる前に、集合知とは何かを手短に説明しておこう（詳しくは拙著『集合知とは何か』を参照）。

集合知は二〇〇〇年代半ば、ウェブ2・0の到来とともに注目を浴びた。ネットで誰もが発言できるなら、技術的には簡単に衆知を集めることが可能になるからだ。人々の多様な推測をうまく集めると、驚くほど正確な集団的推測ができる、というのが集合知の特長に他ならない。

有名なのは、一九〇六年、英国の食肉用家畜家禽《かきん》見本市でのエピソードである。参加者がまるまる太った雄牛の姿をながめ、その体重（食肉処理し解体した後の重さ）を推測するコンテストがおこなわれた。本当の体重に一番近い推測をした人が賞金をもらえるのである。さて、有効な推測投票は七八七枚、その平均値は一一九七ポンドだった。では本当の体重はどれくらいだったのだろうか？　なんと一一九八ポンド。集団的推測の誤差はわずか一ポンドだったのである……。

このほか、大学の教室でジャック・トレイナーという金融論の教員がジェリービーンズというお菓子のビン詰めを学生たちに示し、「この中に幾つ入っていると思う？」と当てさせた実験もよく知られている。五六名の学生による推測の平均値は八七一個だったが、真の数は八五〇個だった。集団的推測の誤差二一個より小さい誤差で推測をした学生は、たった一名にすぎなかった(1)。

例は幾らでもある。要するに、集団のなかの個々人はかなり好《い》い加減な推測をしても、集団的推測の精度は非常によい、というのが集合知のミソなのだ。

実はその理由は、次の集合知定理によって数学的に解明されている（ここで、「集団誤差」は集団的推測値〔個々の推測値の平均値〕と真値の差の二乗、「平均個人誤差」は個々の推測値と真値の差の二乗の平均値、「分散値」は個々の推測値の統計的分散をあらわす）。

集団誤差＝平均個人誤差－分散値

ポイントは一つである。分散値つまり「集団内の個々の推測値のバラツキ」が大きいほど、集団的推測の精度はあがるということだ。集団内の人々が多様な推測をするほど、個々の推測の誤差は互いに打ち消しあい、その平均値である集団的推測値は正解に近づくのである。

右にあげた数学的関係はごく単純な場合だが、集合知というのはいわば、主観知から客観知をみちびく方法といえるだろう。それは基本的に、誤差がランダムなときに有効性を発揮するという統計的性質をもっている。たくさんの人々から多様なデータを集めると、個々のデータのゆがみが相殺され、集団としての特性値がくっきりと抽出されてくるというわけだ。

ここで読者の方々は、集合知が、ビッグデータ分析や人工知能の深層学習と本質的に関連していることに気づかれただろうか。

まず、人々のネットでの発言もビッグデータの一部なので、集合知がビッグデータ分析と関わるのは当然である。逆にいえば、ビッグデータ分析を、集合知をみちびくための効果的な方法として位置づけることも可能だろう。だが、それだけではない。

第一章でのべたように、ビッグデータ分析の特長とは、諸変数のあいだの統計的な相関関係をコンピュータが自動計算し、これから有用な推測をおこなうことだった。たとえば、腕の長さと身長の相関が高ければ、ある人の腕の長さからその身長を推測することができる。

そしてまた、「両者の相関関係が高い」というのは「(グラフに図示してみれば)両者のパターンが類似している」とも見なせるから、これをパターン認識の問題ととらえ返すこともできるだろう。

だからビッグデータの分析技術は、機械学習とくに深層学習と重なっていることがわかる。ともに統計処理が本質なのだ。

深層学習とは、第二章でのべた通り、膨大なパターン集団というビッグデータのなかから、あるグループのパターン群にひそむ共通性を抽出する操作に他ならない。統計処理によって個々のパターンのゆがみが相殺され、そのパターン群に共通の特性値が出現するのである。まさにこれは集合知と酷似してはいないだろうか。

端的に言おう。ビッグデータと人工知能と集合知とは三位一体なのだ。この三つをうまく関連づけ、発展させていく技術や制度が、いま強く求められているのである。

実はビッグデータ分析と深層学習との関連は、人工知能に詳しい専門家のあいだではすでに周知のものだ。だが、集合知との関連に気づくことがさらに大切なのである。なぜなら、集合知を利用するときは、機械任せでなく、えられた結果の有効性を人間が吟味することが多いし、またそれが望ましいからである。

これに対して、人工知能でビッグデータ分析をおこなうときは、問題をコンピュータに丸投げして、えられた結果を鵜呑《うの》みにしやすい。ここに致命的な罠《わな》がひそんでいる。

ブーム	キーワード	応用範囲	正確性
第一次（1950～60年代）	論理	小（パズル、ゲーム等）	◎
第二次（1980年代）	知識	中（エキスパート・システム等）	○
第三次（2010年代～）	統計（学習）	大（パターン認識、機械翻訳等）	△

表1　人工知能ブームの歴史

第二章でのべたように、コンピュータは論理主義の全盛期に「正確な思考計算」を体現する機械として誕生した。このため、人々のあいだには、コンピュータが出した答えは絶対に正しいという常識がある。だが、深層学習に代表される現代人工知能については、こういう常識が成り立たないのである。

人工知能の発展史を振り返りながら、ここで大切なことを再確認しておこう。今は第三次の人工知能ブームだが、第一次、第二次、第三次ブームのキーワードはそれぞれ「論理」、「知識」、「統計（学習）」だった（表1）。

「論理」による第一次ブームの処理は演繹《えんえき》（デダクション）だけが中心なので、間違いはないが、応用範囲は狭く実用性が低い。第二次ブームでは、エキスパート・システムなど、「知識」と演繹を組み合わせて実用性を狙ったが、知識命題にふくまれる曖昧性のため、論理的矛盾が発生して挫折した。ところで、今の第三次ブームは、大量データの統計処理の導入によって、この論理的矛盾を克服した――と言えば聞こえがいいが、つまり「間違えても、学習していけばいいじゃないか」と開き直ったのである。

演繹によって誤りが生じることはありえないが、統計処理にもとづく帰納（インダクション）や仮説推量（アブダクション）では、えられた結論はあくまで推測であって、論理的に正しいと断言することはできない。それゆえ、人工知能を過信してはいけないのだ。そして、人工知能の統計的な推測にともなう誤判断を正せるのは、人間の体験にもとづく身体的な直感以外にないのである。

とりわけ集合知を支えるのは、いわゆる「暗黙知（tacit knowledge）」だろう。暗黙知というのはハンガリー出身の科学哲学者マイケル・ポラニーが言いだした概念で、明示的に表現できない知識のことである。自転車に乗る技能はその好例だ。暗黙知の本質は、対象の細目（要素）の意味を踏まえて、対象全体の意味を直感的・包括的にとらえるところにある。たとえば、人間の顔の細目は目や鼻や口などだが、それらの個々のイメージを踏まえて、顔全体の包括的イメージ（意味）を一挙に把握するのが暗黙知のはたらきなのである。[2]

こういう暗黙知のはたらきは、明示的な演繹処理や統計的データ処理とは違い、生物特有のもので、そのダイナミックスはまだよく分かっていない。だが、その効果は、コンピュータ処理の結果を吟味し検査する場合にも発揮されるはずだ。身体性にもとづく暗黙知は、人工知能による分析をはじめ、ビッグデータの高速統計処理を補完するものと位置づけられるのである。

専門知が支える集合知

集合知は二一世紀のネット社会で重要な役割をはたせるはずである。だが一方、これにたいする批判の声も高い。二〇世紀までの近代知はおもに専門家が担ってきたのだから、当然ともいえるが、とくに集合知が「衆愚性」をおびているという点が問題となるのである。

確かに、人々のあいだに偏見があれば、その主観的な意見や推測をあつめても望ましい結論はえられない。たとえば誰かが悪質なデマを大声で宣伝し、人々がそれに一斉に影響されると、集団としての冷静で適切な判断などできなくなる。

だがこういった衆愚批判は、集合知というもののとらえ方が狭すぎることから出てくるのではないか。一時、「ネットで人々の投票を集めれば、何事も手早く決まる」といった浅薄な主張がマスコミを飾ったが、これはとんでもない暴論というものだ。集合知とは、単純な投票が万能だという主張ではない。むしろ、いっそう大切なのは、集合知を有効活用するには、専門知との組み合わせが不可欠だという点なのである。

つまり、単に一般の人々の多様な意見や推測をコンピュータで機械的に集計するだけでは有効な集合知とはならない。そこに専門家が介在し、専門家が議論をまとめて行かなくてはならないのだ。

例をあげよう。一九九〇年代、ネットを利用して、チェスの世界王者とワールドチームによる対抗戦が二回おこなわれた。天才対集合知の試合である。この二回の対戦の結果は、集合知の有効利用について実に深い示唆をあたえてくれたのである。

第一回対戦のときの世界王者はアナトリー・カルポフ、第二回対戦のときはガルリ・カスパロフだった。いずれも有名なチェスの天才である。ちなみにカルポフとカスバロフは何度も戦ったが、引き分けが多く、ほぼ互角の好敵手だったことで知られている。一方ワールドチームは、世界各国に散らばるアマチュアのチェス愛好家たち延べ数万人から構成された。中には初心者同然な技量の持ち主もかなり混じっていたという。

世界王者側は、ネットに表示される盤面を眺め、自分の指し手をきめる。一方、ワールドチーム側は、一手指すごとにチームのメンバーが投票し、コンピュータでただちに集計する。そして、最大投票数を集めた指し手がワールドチームの指し手となるわけだ。

さて、二回の対戦はどういう結果に終わっただろうか。カルポフもカスパロフも、チェスの世界王者というのは間違いなく正真正銘の天才である。かたやワールドチームはいわば烏《う》合《ごう》の衆なので、世界王者の敵では無いというのが大方の予想だった。ところが、結果は実に興味深いものだったのである。

第一回目、一九九六年の対戦は、世界王者カルポフの圧勝に終わった。みんなが予想した通り、王者は三二手でワールドチームをたちまちねじ伏せてしまったのである。問題は第二回目、一九九九年の対戦だった。第一回目の結果をうけて、カスパロフは簡単に勝てると思っていたらしいが、実際にはそうではなく、「カスパロフ対ワールド」として歴史に残る白熱した大接戦となった。五〇手くらいまでは五分五分で両者譲らず、その後六二手でようやくカスパロフが辛勝したものの、王者は「世界チャンピオン戦を含めたどんな対戦よりも、この一戦に大きなエネルギーを費やした」と語ったといわれる(3)。

二つの対戦の相違をうんだ原因は何だったのだろうか? カスパロフがカルポフより弱かったからではない。繰り返しになるが、対戦成績からも両者の実力は互角だった。原因は、ワールドチームの戦い方にあったのである。

第一回対戦のとき、ワールドチームは指し手を一つきめるのに十分間しかかけなかった。投票者は数千人以上でも、投票結果のコンピュータ集計など簡単だからである。ところが第二回対戦のときは、指し手をきめるのに、ワールドチームは丸一日かけたのである。二四時間のあいだに、専用のネット掲示板で熟議がおこなわれた。ある手を指すとどのような盤面展開になるかの予測にもとづき、チームメンバーのあいだで熱い意見交換がなされたという。

数名のプロ級のメンバーが議論のリード役をつとめたが、なかでも活躍したのはアイリーナ・クラッシュという一五歳の少女だった。この少女の技量は、専門家としてはカスパロフの水準には遠く及ばなかったものの、その才能はすでに全米女子チャンピオンになるほどのものだった。

クラッシュは、チームメンバーからたくさんの意見を集め、分析ツリー図を作成して指し手の良否を公開検討し、一日かけて最適な指し手を模索していったのである。クラッシュのようなすぐれた専門知をもつリーダーがいなければ、ワールドチームはたやすくカスパロフの軍門に降《くだ》っていただろう。

以上のべた例は、集合知の利用の仕方について、大切なことを教えてくれる。

クラッシュは、自分の意見をチームメンバーに押しつけたのではない。一般メンバーの提案した手を指せば、それがどのような盤面展開を招くかを論理的に分析し、さらに過去の棋譜の展開例をもとに予想をおこない、そのもとでさらに意見集約をはかる、というプロセスを繰り返していったのである。これこそまさに専門家の仕事に他ならない。

チェスに限らずどの分野でも、専門家はアマチュアと違って、「こう意思決定すれば、事態はこうなる」という論理的な知識体系をもっている。また同時に、過去の成功や失敗の実例を学んでおり、自分の体験もあわせて、比較的誤りの少ない予測をすることができる。その反面、権威ある知識や専門家のあいだの慣習、つまり過去の実績データに引きずられるので、普通の専門家が独創的な意見を吐くことは案外少ない。

ところで、まさに専門家のこういう特性は、ビッグデータ分析における人工知能の特性とぴったり重ならないだろうか……その通り。人工知能の分析機能は専門家の思考に近いのである。だから大量データを高速分析する人工知能は、専門家に助言をあたえ、専門家の能力を高めることができる。

一方、アマチュアは、論理的知識や過去の実績データというより、自分の身体的な直感で判断することが多い。だからまったく見当外れの「素人意見」を述べることもある。だが真剣になれば、アマチュアにも「生きる」ための暗黙知や本能的価値観があるので、現状を打開するための多様で新鮮なアイデアが出てくることも少なくないのだ。

集合知をまとめあげる場面では、見当外れの素人意見は多数決で黙殺されるだろう。だが、専門知の盲点をつくような斬新なアイデアが出てくれば、それはリーダーである専門家から注目され、局面の新展開をもたらす可能性がある。このとき集合知は、衆愚どころか英知となる。

そして、人工知能によるビッグデータ分析は、集合知をまとめるリーダーにとって、実に頼もしい味方になれるはずである。なぜならそれは、過去の膨大なデータの分析をもとに専門家に助言をあたえ、さらに、人々の多様な意見をほぼ瞬時に集約してくれるからだ。ビッグデータ型人工知能は専門知の機能を補強し、集合知の精度を高めると期待されるのである。

逆にいえば、人工知能やビッグデータ関連の技術をやたらに崇拝して、機械的分析結果を「人間より賢いはずだ」とばかり盲信するのは禁物なのだ。そういう情けない態度は、人工知能のみならずコンピュータという存在にたいする過大な期待、または基本的な無知から来る。要するに、コンピュータの悪用に他ならないのである。

意思決定の知恵

集合知に詳しい読者は、このあたりで首をかしげるかもしれない。第一章と第二章でのべたように、ビッグデータや人工知能は、かなり広い分野の問題を解決すると宣伝されている。まるで万能のように語る声さえある。それらが人間の専門知を補強できるのは確かだとしても、集合知の守備範囲とはズレがあるのではないか、というわけだ。

典型的な集合知というのは、雄牛の体重やジェリービーンズの数などを当てる場合のように、いわゆる「正解のある問題」に対して有効だといわれている。チェスを指したり、コンビニの商品の仕入れ数を決めたりするときは、正解の有無は不明だが、価値基準がはっきりしているから、推測や意思決定の良し悪しを評価することができる。そういう問題にたいし、一般のアマチュアの推測を集めると、専門家にひけをとらない結果がえられるというのが、集合知のおどろくべき長所なのだ。

だが、現実の世の中では、クイズのように正解がある問題などむしろ例外といってよいほどに少ない。政治や経済をはじめ社会的な問題では、それほど価値基準が明確でなく、「これが正しい決定だ」と言い切れない場合のほうがはるかに多いのである。にもかかわらず、われわれは必要上、意思決定をおこなわなくてはならない。

これまで、正解がない問題にたいしては「集合知など役に立たない、専門家にまかせておけ」というエリート主義的な考え方が主流だった。だが、ネット社会となったいま、正しさの基準が明確でなく意見がわかれるとき、一般の人々の集団的な意見をもとに意思決定をおこなうという民主的方法を、本格的に導入する機が熟してきたのではないか。

むろん、現在の間接民主制や専門家による決定などクズだ、直接民主制バンザイ、などといった暴言を吐くつもりは全くない。万事を全員で決めるのは非効率きわまるし、それこそ衆愚におちいる恐れも大ありである。

問題は、過度の専門分化によって専門家の視野が狭くなってしまったことだ。ネットの普及した高学歴社会になったいま、さまざまな問題にたいして、多様な人々の意見を上手にまとめていく有効な手段を、真剣に考えなくてはならない。複雑多岐でしかも変化の速い二一世紀の社会では、集合知という概念をできるだけ広くとらえることが大切なのである。

別に、国家レベルの政策決定に、市民がいちいち直接参加すべきだ、といった大袈裟《おおげさ》なことを主張しているわけではない。たとえば自分の住む町の公園にどういう遊具を備えればよいかとか、子供たちの安全を守るためのパトロールをどうするかなど、身近な問題はいくらでもある。生活習慣や文化のちがう外国人労働者の家族が引っ越してきたら、町の住民としてどのようにして受け入れるか、というのもグローバリゼーション時代の緊急のテーマだ。こういったさまざまな問題について、お上まかせでなく、意思決定に参加していくことも集合知の一種の応用と言えないだろうか。

集合知というのは、ビッグデータ分析と同様に、なんらかの定量的なデータを計算して結論をくだすのが普通である。だが、絶対的な価値基準がなく、人々の意見がわかれるとき、みんなが納得する適切な意思決定をすることは容易ではない。単純に投票し、最高票をあつめた選択肢をえらべばよいというわけには行かないのだ。三つ以上の選択肢があるとき、「アローの不可能性定理」というものがあって、集団としての最適選択肢を決定する合理的なアルゴリズム（算法）は、一般には存在しないことが数学的に証明されている。[4]

ただし、手段がないわけではない。それぞれ個人的な利害や道徳観が異なるにせよ、自由や平等といった「公共の理念」は存在する。誰でもそれに正面から反対することは難しいのである。公共の理念にもとづき、人々がひとまず納得する価値基準を定めることができれば、それに沿って議論をまとめていくことも不可能ではない。このテーマは本書の主題ではないが、重大な問題なので以下ごく簡単にふれておこう（詳しくは、拙著『ネット社会の「正義」とは何か』を参照していただきたい）。

公共の理念とは何か？――これも難題ではあるが、積み重ねられてきた公共哲学の議論は参考になる。代表的なものとして、功利主義（utilitarianism）、自由平等主義（liberal egalitarianism）、自由至上主義（libertarianism）、共同体主義（communitarianism）があげられるだろう。[5] このなかで、集合知をまとめ上げていく価値基準を定める際、もっとも参考になるのは功利主義と自由平等主義である。

功利主義は英国の哲学者ジェレミー・ベンサムが一八世紀末に提唱した思想で、「最大多数の最大幸福」というテーゼで知られている。要するに、「集団としての効用」を最大化するような意思決定が最適だというのだ。ここで「集団としての効用」というのは、集団内の個人の幸福度（快楽）の総和に他ならない。ベンサムは幸福度を明示的に計算できると考えたのである。功利主義に由来する費用便益分析は、今でも多くの企業をはじめいろいろな組織で用いられている。最小の費用で最大の便益（利益）をあげる選択肢が最適だ、という考え方を支持する人は非常に多い。

一方、自由平等主義は、イマヌエル・カント、さらに二〇世紀の政治哲学者ジョン・ロールズが唱えた思想である。これは、集団ではなく、あくまで個人の自由や権利、義務といった概念を尊重する。手短にいえば、いくら集団にとって利得があっても、個々の人々の基本的な自由や権利を侵害することは正しい意思決定ではないというのだ。自由平等主義は、世界中のリベラル派のバックボーンになっている。

たとえば、認知症で寝たきりの一〇〇歳の老人に高額の社会保障費をかけて延命させることは、功利主義の観点からは不適切と判定されるかもしれない。だが自由平等主義は万人の基本的人権を至上のものとするので、安易な尊厳死といった措置に強く反対する。このように両者はしばしば食いちがう。

さて、そうなると、集合知による意思決定はどうなるだろうか。一つのアプローチは、個人の自由や権利を保障するという制約条件のもとで、集団としての効用という価値基準を最

大化する選択肢をえらぶ、という方法だと考えられる。⑹

こういうアプローチをビッグデータ分析に適用すれば、第四章でふれたプライバシーやセキュリティといった難問を解決するための、何らかの示唆がえられるはずだ。たとえば、個人のデータを常時収集しておき、プロファイリングと結びつけて、罪を犯しそうな個人をときどき拘束する、という措置にたいしては、個人の自由や権利という観点からノンという制約がかかる。その一方で、地域の集団的セキュリティを守るためには、防犯カメラによる監視は不可欠だという決断が下されるかもしれない。いずれにしても、集合知には住民の多様な意見が反映されており、専門家の検討をへて、責任ある決断がなされていくのである。

右の例は粗っぽいものだが、意思決定の知恵においては、価値基準をあくまで人間が定めるという点が肝心なのだ。繰り返しになるが、人工知能は意思決定の補助手段にはなっても、絶対に主体にはなれない。シンギュラリティ仮説は人間機械論なので、そこの判断を誤っているのである。

5・2 人間と機械の協働

AIからIAへ

人工知能すなわちAI（Artificial Intelligence）という名称には、どこか矛盾した響きがある。なぜなら「知能」とは本来、自然な生命活動と不可分であって、「人工物」にはなりえないからだ。

知性のはたらきを目標設定と問題解決にわけ、後者を知能と位置づける意見もあるが、前述のように、大きな問題解決のなかには、問題を複数の小目標を達成する部分問題に分割していくはたらきも含まれる。だから、目標設定も知能の一部といえるのである。

そして、目標設定のためには価値基準がなくてはならない。ところが、価値観というのは生物に特有のもので、もともと機械とは無縁である。幸福度にせよ、基本的人権にせよ、すべて「人間が生きる」ことが根拠になっている。生命活動が価値観をもたらしている以上、機械である人工知能がみずから意思決定のための価値基準を設定することなど、とうてい無理というものではないか……。

とはいえ、このことは人工知能の否定にはつながらない。それどころか、人間の知能を大きく増強することは幾らでも可能である。だからAIのかわりに「IA（Intelligence

Amplifier)」と呼ぶべきなのだ。これは端的には、汎用目的ではなく、特定目的にむけた現行のいわゆる「専用人工知能」である。では、ＩＡないし専用人工知能は、いかにして人間の知能を増強していけばよいのだろうか。

ここで、生物と機械の情報処理の基本的な違いをもう一度整理しておこう。生物にとって情報とは「意味」であり、どのように生きていくかを現時点で自律的に決断するための根拠である。この点では人間もそのほかの動植物と変わりはない。ハチは、群れが生きていくために、花のありかを巣にいる仲間につたえるのだ。花を認知するのは身体的な暗黙知である。

一方、コンピュータにとって情報とは、文字や数値などの「データ（記号）」である。つまり、他律システムである機械が処理するのはシャノン情報理論の対象である「データ」のみである。ここが、自律システムである生物がデータの根源にある「意味」を扱う点とまったく異なっているのだ。

いったいいかなる経緯で、こういう違いが出てきたのか？——これは深遠な問題だが、最大のポイントだけを述べておこう。それは、機械をつくる人間（ホモサピエンス）という生物種が、他の動物にくらべて異常なまでに発達した大脳をもっているからである。人間の大脳新皮質、とくに左脳では、論理的な判断をおこなうことができる。いわゆる理性的（合理的）な知性はここに宿っているのだ。

ユダヤ＝キリスト一神教の文化的伝統にもとづけば、この理性のはたらきによって人間は神に近づく、ということになるのだろう。だが、生物進化という観点から眺めると、ただ他の生物種より周囲環境への適応力がまし、生存競争で有利になったというだけだ。合理的知性をもつからこそ、人間は他の動植物よりも比較的正確に未来を予測し、計画を立てることができる。どこにいつ行けば獲物を狩ったり果物を採集したりできるのか、というシンプルな予測から、さらには農耕牧畜により食料の安定供給をはかることもできる。

つまり人間は、過去の経験を蓄積し、過去のデータに学んで、現在の行動モデルをつくり、変動する未来に論理的に対処しようとする。多くの生物は、そんな緻密で柔軟な計画性などはなく、遺伝的な本能や身体的な反応をもとに行動するだけなので、周囲環境の変動になかなか対処できない。直感にたよって、生存に不利益な判断をすることも多い。こうして、身体的には割合に虚弱なのにもかかわらず、人間は地上の覇者となったのである。

文明化とは端的にはそういうものだろう。大脳新皮質における論理的機能を駆使して人類は文明をつくったのだ。そして、コンピュータという機械は、人間のこの論理的機能を身体からいわば切り離し、純化独立させた存在に他ならない。純化独立させるために、情報の「意味」を背後におしやり、「データ（記号）」の形式的な操作に置き換えたのである。

人工知能の歴史における、論理、知識、統計といったキーワードは、いずれも、過去のデータにもとづいて未来を予測し、最適行動をとろうという人間の論理的機能のはたらきと密接に関連している。演繹（デダクション）だけでは未来を予測できないので、蓄積した知識を用いて推論するのだが、それでも不明なことは多い。だからデータを統計的に処理して帰納（インダクション）し、仮説推量（アブダクション）を実行して対処しようとするわけだ。そこに神秘的なところなど、何ひとつありはしない。

人工知能やこれを搭載したロボットは、いかにも自立した主体的存在であり、現在の状況におうじて自主的な作動をしているように見える。だが実際には、人間の大脳におけるこの論理的機能を忠実に真似《まね》しているにすぎない。過去にあたえた形式的ルールであるプログラムにもとづき、人間から外注された仕事を高速シミュレーションで実行しているにすぎない。ゆえに人工知能が、生物とちがって過去のデータに囚《とら》われ、環境変化に柔軟に対処できないのは当たり前である。

大脳の論理的機能に依存しているという点では、人間の専門家も人工知能とあまり変わりはない。専門知、とくに近年の学問は、ほとんどが論理的な体系である。だからエキスパート・システムに見られるように、人工知能は専門知に近いのである。

とはいえ、両者には重要な違いがある。

人間の大脳がもつ論理的機能は、コンピュータとちがって、単独で作動しているのではない。大脳新皮質の機能を支えているのは、感情や情動をつかさどる大脳旧皮質（大脳辺縁系）や、内臓の作動をコントロールする脳幹など、他の動物の脳にも在るもっとベーシックな部分のはたらきである。近年の脳科学によれば、人間の合理的判断は実は、情動によって駆動される部分も大きいという。(7) 暗黙知もそういうはたらきと関連していると思われる。

要するに、人間の論理的機能の基盤には「身体」があるのだ。生物進化の歴史を見ても、大脳新皮質の発達した生物の登場はつい最近の出来事であり、生物の情報処理の圧倒的大部分は、論理というより生理的な反応に他ならない。

このことを忘れ、「まず論理ありき」という転倒した発想から出発すると、形式的な論理操作を「自立した知恵」と勘違いすることになる。その延長上に、社会メガマシンを統べる大魔神、つまり超人工知能（ASI）のような奇怪な幻が出現するのである。

さて、これまでの文明の大部分、とくに近代文明は、前述のように人間の専門家が担ってきた。過去の知識を文書に書きとめ、仮説をつくってデータを集め、実証と論理によって仮説の精度を探究していくのである。半世紀くらい前までは、ひとまずそれでよかった。天変地異の予測や複雑な社会的予測も、専門家まかせで済んだのである。

だが、二〇世紀後半あたりから、知識文書や専門家の数が急速にふえてきた。データ量も天文学的に増加していく。それにともなって、専門が針先のように分化してしまい、分野のあいだに壁ができて、交流も難しくなっていった。もはや優れた専門家でも、狭い分野のことを理解し検討するのに精一杯で、大局的な判断が難しくなってしまったのである。

集合知とは、現代文明のこういう欠陥を補うための手段として位置づけられるだろう。一般の人々の多様な知恵が、適切な専門知のバックアップをうけて組み合わされ、熟議を重ねて問題を解決していくのが、二一世紀の知の望ましいあり方なのだ。

とすれば、理想的なビッグデータ型人工知能、すなわちＩＡの役割はもう明らかだろう。人手にあまる膨大なビッグデータを分析し、専門家にヒントとなる分析結果を提供しつつ、集合知の精度や信頼性をあげていくことこそ、その使命といえないだろうか。まず集合知ありき、なのである。

このアプローチはかなり期待がもてる。たとえば、前述のカスパロフ対ワールドのチェス対局を思いだしていただきたい。もし仮に、今ならすぐ手にはいる安価なチェスソフトが当時普及していて、チームメンバーがそれで武装していたら、たぶんカスパロフを打ち負かすことができたのではないか。コンピュータは、自立した知恵の持ち主ではないにせよ、人間の知恵をぐんと増すことはできるのだ。

ハイブリッド・コミュニティ

ＡＩ（人工知能）でなくＩＡ（知能増幅）が必要だ、という主張は実は以前からある。もしかしたらここで、ＩＡは短期的な実用性が主な用途だから、どうも長期的な夢がなくてつまらない、という不満の声があがるかもしれない。だが、非難する前に落ち着いて現実をみつめてみよう。

汎用人工知能（ＡＧＩ）の幻を追いかけて、人間を社会メガマシンに組み込む最近の風潮は、いまや加速していく一方ではないだろうか。われわれの日常生活の細部はますます機械化され、自由度を失っていく。解放してくれるドラえもんは漫画の世界のなかにしか居ないのだ。今めざすべきなのは、人間の衰えていく生命的なコミュニケーションを、ビッグデータや専用人工知能をつかいながら回復させ、できれば活性化することなのである。

社会的意思決定のための価値観は、さまざまな概念によってつくられる。繰り返しになるが、深層学習で自動抽出される「概念」とは統計処理結果にすぎず、パターン認識に有用ではあっても、人間社会の概念とは異なる。人間社会の概念とは、人間の集団のなかで交わされる生きたコミュニケーションからしか生成されないのだ。

IAが人間同士の対話を活性化し、また創造活動を支援することができる、という実例はいろいろある。ここでは、ネオ・サイバネティクスの理論的研究者であるだけでなく、興味深いソフトウェアを開発して、実践的な起業家としても活躍している、ドミニク・チェンの仕事を紹介しておこう。

チェンは、若い人々のあいだで人気の高い「リグレト」というソフトウェアの制作者として知られている。リグレトは、「心の相互ケア・コミュニティ」といわれる。内容的には、不特定多数のユーザが匿名で五〇字以内の短いテキストを投稿しあう、ネット上の一種の対話コミュニティに他ならない。投稿者は悩みを抱えている人たちだけでなく、なぐさめる人たちでもある。なぐさめられた人が元気になると「成仏」し、なぐさめた人たちに御礼のメッセージがとどけられる(8)。

アクセスはパソコンだけでなく、携帯電話からも可能だ。実際にサイトを覗《のぞ》いてみるとわかるが、デザインはポップでインターフェイスも使いやすく、深刻な悩み相談というより、むしろ心のケアを楽しみあう、ある種のカジュアルな娯楽の場という感じもしないではない。たぶんこのあたりが、自分の悩みを軽い言葉で表現したがる、現代のシャイな若者の心をとらえたのだろう。

彼らは、現代社会特有の孤独感をいやしたいという希望をもっている。だが、ネットの危険性を考慮すると、あまり他者と深入りした関係にはなりたくない。だから望ましいのは、他者との適切な距離感を保った上での優しさの交流、といったところだろうか。なかなかうまい着眼である。リグレトのおかげで救われた、とひそかに感謝しているユーザーも少なくないはずだ。そしてまた、誰かを元気づけたことで、落ち込んでいた自分自身が元気になったユーザーも多いだろう。そう私には思われる。

リグレトもある種の問題解決であり、集団の知恵ともいえる。感情交流のためのこういったサイトは、客観的な論理から出発したコンピュータの用途としては異色かもしれない。だが、ネットがなければ、こんなコミュニケーションは不可能である。つまり、コンピュータを介して、人間同士をむすぶ新たな形態の生命的なコミュニケーションが生成したととらえることができる。

コミュニティのなかに、人間だけでなく、人工知能エージェントなどの機械的要素が加わったものは「ハイブリッド・コミュニティ」と位置づけられる。(9) 注目すべきことは、ハイブリッド・コミュニティにおいて、新たな芸術活動を思わせるような、創造的活動が開始されようとしている点である。

チェンは、こういった創造的活動について、前章で一部を引用した「Cybernetic Serendipity 再考」という論文を書いている。この論文のタイトルである「サイバネティック・セレンディピティ」とは、「コンピュータに媒介された未知の機会の発見」という意味である。セレンディピティ（serendipity）という言葉は、思いがけないものの発見、またはそういう発見をする才能のことだが、人工知能のようなコンピュータ処理を媒介にして、芸術をふくむ人間の創造的活動が刺激されるというわけだ。

ただし、こういうとき必ず、自立した人工知能という主体が「魔法と見分けがつかないブラックボックス」として独自に作品をつくりあげる、という危険な思い込みが出てきてしまう。魔術的な汎用人工知能のイメージこそ、サイバネティクスの創始者ウィーナーが恐れたものであり、ネオ・サイバネティクスによって否定された幻想だった。チェンはこういう思い込みをきびしく退ける。そして、これからの人間は、ネットからただ消極的に情報を受けとるだけでなく、積極的にネット上で「情報を表現する活動」をおこなうべきだと論じるのだ。

あくまで身体的な人間主体が、計算機という道具によって認知拡張されることで、複雑な世界が複雑なまま露《オープン》わにされた状態を透徹できるようになること。この一点の原理こそ、個々人のサイバネティック・セレンディピティがボトムアップに最大化される契機を孕んでいるように思われる。

そのためには私たちはそろそろ個々人の情報の摂取の方法ではなく、情報の表現の方法をこそビッグデータ型人工知能とひも付けて作っていかなくてはならないだろう。読むことがただ読むだけに終わらず、書くプロセスにも連なるための情報技術としてのインターネットやIoTのビジョンを打ち出す必要がある。[10]

ここには、AIではなくIAのもつ、斬新な可能性がはっきりと示されている。チェンは血統としてはアジア系だが、フランス外交官の家庭にうまれ、フランス国籍をもつ日仏語バイリンガルである。米国UCLAで学部教育を受け、大学院は、以前私が教鞭《きょうべん》をとっていた東京大学大学院情報学環の博士課程で学び、博士号を取得した。

そういう経歴のせいか、私はチェンと話していると、普通の日本人とはひと味ちがう国際的な視野のひろさを感じないではいられない。

二一世紀のグローバリゼーション時代にもっとも必要なのは、欧米追随の島国根性を軽々と乗り越えていく、新しいタイプの知性なのだ。今、そういう知性を育てることが切望されているのである。

情報教育の刷新

これに関連して、近未来の情報社会における肝心な点を指摘しておこう。

ビッグデータや人工知能に関連した技術が、二一世紀に急速に発展していくことは間違いない。マスコミのニュースは引きつづき、国内外の最新技術の内容やビジネスの短期的な動向を細かく報じてくれるだろう。それも大事だが、われわれ一般人にとっては、ビッグデータ型人工知能が長期的にどう発展していき、社会をどう変えていくのかのほうが、ずっと重要なのである。

口が酸っぱくなるほど繰りかえしてきたように、三〇年後のシンギュラリティなど、どう考えても到来しそうにない。意識をもつコンピュータが君臨したり、人間が不死性を獲得したりするなど、滑稽きわまる幻想以外ではないのである。にもかかわらず、ユダヤ＝キリスト一神教の文化伝統をもつ欧米では、人間の脳を模した汎用人工知能の実現努力が、巨額の予算をつかって真剣に続けられていくだろう。

われわれが決しておこなうべきでないのは、問題の本質をよく考えることもせず、ただ欧米に遅れてはならぬと、懸命にそういった奇妙な研究の後追いをすることだ。実現性のない技術が経済発展をもたらすことなど、ありえない。表面的に技術的課題だけを追いかけると、一九八〇年代の第五世代コンピュータ開発と同じ無残な失敗に終わってしまう。

汎用人工知能（AGI）という夢想には、すでに述べたように、情報の意味や目標（評価関数）設定の自動化をめぐる技術的困難性があるが、それだけではない。神になりかわった一部の白人男性が社会メガマシンを設計し一元的に統御するという絶対主義は、すでに二〇世紀後半の思想において徹底的に否定されている。とっくに時代遅れなのだ。

二一世紀は、有色人や女性もふくめた、多元的な文化が地上で共存するグローバリゼーション時代である。そこでは、多様なものの見方をゆるす相対主義が重要になってくる。「集合知のIAによる支援」はこういった場面で効果を発揮するのだ。

以上は長期的な話だが、短期的な取りくみも不可欠である。ビッグデータ型人工知能の応用において、緊急にとりくむべき課題は、具体的な個別実用テーマについて、技術だけでなく社会や人間性の観点から真剣に検討していくこと以外にない。これを怠ると、大変な社会的混乱が生じるだろう。

クルマの自動運転、介護ロボット、医療行為や金融投資など、特定用途への人工知能の応用は、差し迫ったテーマである。法的責任やプライバシー、セキュリティなどをめぐって、文系と理系の知恵をあわせなくてはならない。

だが、現状はとてもそういう状況にはないのである。技術開発だけを先行させて、いったん酷い人身事故が起きたり、巨額な損失が生じたりしたら、いったい誰がいかに責任をとるのだろうか……。

率直にいって、われわれ一般日本人の、人工知能やロボットにたいする見識は、あまりに脳天気で幼稚すぎる。ロボットがにっこり笑いかけてくれたり、将棋や囲碁でプロの棋士に勝ったり、大学の入試問題を解いたりしたからといって、ただ「すごいなあ」と子供のように喜んでいるだけでよいのか。

こういう傾向をアニミズム的心情と短絡するのは軽率だ。実は、情報文明についてのわれわれの見識が異常なほど低いのは、教育制度のせいなのである。ひとにぎりのITエンジニアや理系の研究者をのぞけば、ほとんどの日本人は、コンピュータの内部メカニズムについて初歩的な知識さえもっていない。近年、表面的なIT機器操作に習熟している人が増えただけのことだ。一方、ITエンジニアや理系研究者は、情報社会に関する文系の広い教養を身につける機会がないまま、目先の技術開発に追いまくられている。

文系と理系をへだてる厚い壁は、情報教育の軽視に起因している部分が大きい。大学だけではない。高校には「情報」という教科があるが、受験科目になっていないこともあり、せいぜい市販ソフトの使い方を教える程度でお茶をにごすケースが多いようだ。担当教員約六〇〇〇人のうち、三割は情報専門の免許を持っていないという。(11) これでは、まともな情報社会など構築できるはずもない。

とはいえ嬉《うれ》しいことに、最近ようやく、改革のあかるい兆しが見えてきた。高校の教科「情報」の学習指導要領は、文部科学省で見直されつつあると聞く。また、高校で「情報」を担当する教員のなかには、情報という概念を基礎からとらえ直し、分かりやすく生徒に教えようという試みもでてきた[12]。

大学でも、情報教育を根本からとらえ直し、「情報大国」のベースを築くための意欲的な活動が始まっている。その象徴は、日本学術会議から二〇一六年三月に公表された「情報学分野参照基準[13]」に他ならない。

これはもともと、文部科学省の要請をうけ、日本学術会議が、大学の学部レベルでの教育の質をきちんと保証するために、いろいろな学問分野において参照すべき基準をさだめる体系のなかの、情報学分野に関する報告書である。具体的には、日本学術会議の情報学委員会における、情報科学技術教育分科会が作成作業を担当した。委員長は東京大学の萩谷昌己《はぎやまさみ》教授、副委員長は早稲田大学の筧捷彦《かけひとしひこ》教授であり、私も委員として参加した。

これまで、日本のこういった情報教育の検討は、専ら理系のコンピュータ工学分野の学者によっておこなわれてきた。だが今回は、早稲田大学の伊藤守教授など、文系の社会情報学の研究者も参加し、約三年をかけてじっくり検討が重ねられたのである。最大の特長は、従来のシャノン情報理論にもとづく理系の内容だけでなく、文系をふくめた統合的な情報学という目標が掲げられたことだった。これは画期的な出来事である。とくに、文理統合のために「情報の一般原理」を学ぶべきだと明記されたことは特筆される。これは、大学における情報学専攻の学生のみならず、文系理系をとわず一般学生、さらに教科「情報」を学ぶ高校生も身につけるべき常識的教養といえるだろう。

万人がスマートフォンを手にする時代になったにもかかわらず、この国の情報学教育は、担当教員の育成をはじめ、あまりにお粗末な状況がつづいてきた。ここでいう情報学教育とは、単なるプログラミング教育や、断片的な情報モラル教育だけではない。それらに加え、根本的に情報概念を問い直し、二一世紀の望ましい情報社会を構築するための基礎的見識を身につけることが不可欠なのである。さもなければ、集合知もうまく機能しないのだ。

AIは仕事を奪わない

最後にまとめとして、われわれにとってもっとも気になる火急の問題を一つ、展望しておきたい。それは「ビッグデータ型人工知能が人間の仕事を奪ってしまうのか?」ということだ。

シンギュラリティが到来し、人間が意識をもった汎用人工知能（AGI）に支配されるとか、やがて人間の脳がコンピュータにアップロードされて不死になる、とかいったお話の空《むな》しさに関してはすでに述べてきた通りである。だが、このお話について本気で悩んだり喜んだりしている人は、たぶんこの国には少ないだろう。実際、そういう不毛な議論は高等遊民に任せておけばいいのだ。とはいえ、われわれが現在やっている仕事がビッグデータ型人工知能に奪われ、失職してしまうとなると話はまったく別である。

それゆえ、野村総合研究所がオックスフォード大学とともにおこない、二〇一五年末に発表した調査報告は大きな衝撃をあたえた。日本の国内労働人口の約四九％の仕事は人工知能によって代替されてしまう、という予測である。[14]

この報告は、六〇〇あまりの職業について、それが人工知能によって代替される確率を予測している。これによるとたとえば、総合事務員は何と代替確率が一〇〇％である。総合事務員は約二七〇万人におよぶ分厚い労働者層だから、これはただ事ではない。さらに、公認会計士、弁理士、司法書士といった、総合事務員よりはるかに高年収の専門職でも、代替率は八〇％以上にのぼるという。

つまり、一口でいうと、この報告書からは近々、人工知能が日本のホワイトカラーの仕事を決定的に奪ってしまう、という印象をうけるのだ……。

しかし、ここまで本書に付きあって頂いた読者なら、慌てふためく必要がないことはすぐ分かるだろう。貴重な報告書ではあるにせよ、まず、「代替」という表現は非常にまずい。事務机に座った人工知能ロボットに仕事を丸投げすれば、ニコニコしながら人間の代わりに自動的に仕事をしてくれる、といったB級SF的イメージが浮かんでくるが、これはまったく見当外れである。なぜなら、前述のように、人間（生物）と人工知能ロボット（機械）とは根本的に違うからだ。違う以上、簡単に代替などできるはずはない。
シンギュラリティ仮説が何といおうと、人間の脳のメカニズムをいくらシミュレートしたところで、人工知能が人間の思考とぴったり同じ情報処理をすることなど絶対に不可能なのだ。脳は独立した論理的存在ではなく、生きた身体と不可分であり、個々の身体は刻々変化していく生態系全体のなかに組み込まれているのである。このことさえ忘れなければ、「代替」という言葉がいかに的外れか納得がいく。
ただし、ホワイトカラーにかぎらずどんな職種でも、人間の仕事のやり方が変わっていくことは確かだろう。つまり、近未来のわれわれには人間にしかできない仕事が求められ、コンピュータにできるような仕事は人工知能が受け持つようになるというわけだ。センスのある人工知能研究者なら、人間の脳のシミュレーションなどで時間とエネルギーを浪費することは止《や》めるだろう。かわりに、人間には決してできない大量データの高速処理によって、人間の判断をたすけ知能を増大させる方向、つまりIA（知能増幅）に向けて舵《かじ》を切るはずだ。だから、近未来のホワイトカラーはIA技術を使いこなす能力が求められるのである。こうして、人間とコンピュータのあいだで、仕事の切り分けと分担、協働が発生する。[15]
問題は、このときの切り分けや分担の仕方である。怖いのは、人間がみずからコンピュータに近づいていくことだ。下手《へた》な切り分けをおこなうと、われわれはコンピュータの作動のリズムに合わせて社会メガマシンの要素と化し、狂気のように振り回されることになってしまう。そうならないためには、いま一度、生物と機械の相違を確認しておく必要がある。いったい、「人間にしかできない仕事」とは何なのか？

繰り返しになるが、生物は現在の状況に応じた柔軟な問題設定と情報の意味解釈によって生きていく自律的存在であり、他方機械は、指令通りのアルゴリズムで過去のデータを形式的に高速処理する他律的存在である。おもてむき自律的にみえる人工知能ロボットも、内実は過去のデータを統計処理して問題を解決するにすぎない。だから、いかなる人工知能にも、変転する状況におうじたきめ細かい情報処理は期待できないのだ。そういう代償の上で、人工知能は全体としての効率化を達成できるのである。

言いかえると、真の社会的コミュニケーションは、リアルな現在時点でおこなわれるから、基本的に人間同士のあいだでしか成立しない。ただし人工知能はそこで、過去のデータにもとづく有益な専門的助言をあたえることができる。具体的にいえば、このことは、サービス業における仕事の切り分けの基準となるだろう。

たとえば、銀行における投資相談において、個々の顧客のきめ細かいニーズに応じた金融コンサルティングを人工知能に丸投げするのはとても無理である。顧客も不安をぬぐえないはずだ。担当銀行員はそのかわり、ビッグデータ型人工知能が分析した結果を顧客に提示し、分析結果の解釈に加えて自らの経験にもとづく暗黙知を駆使して、いっそう的確なコンサルティングをおこなうことができる。担当銀行員にはそういうスキルが求められることになる。

つまり、人工知能によって「仕事の質」が変わるだけで、仕事を奪われるわけではない。このことは、自動改札機の導入によって地下鉄の駅員がクビにならなかったことからも明らかだろう。切符を切るという定型的な肉体労働はなくなったが、そのかわり駅員は、改札口の側で高齢者や外国人をふくめた個別の多様な案内に応じている。機械翻訳などのＩＡ技術を駅員が使いこなせば、地下鉄のサービスはいっそう向上するだろう。

こういった仕事の分担や協調は、今後の人工知能ロボットの活用においても同じことがいえる。ロボットにかぎらず、自動運転のクルマもふくめ、物理的な機械装置（ハードウェア）と人工知能ソフトウェアとの緊密な連携こそが日本の未来産業をひらく、という声をよく聞く。産業用ロボットで世界を制覇した日本の技術水準からみて、説得力のある意見だ。医療用ロボットや介護用ロボットなどはすぐ思いつく例である。

ただこのとき、人工知能ロボットが独力で勝手な手術をしたり、高齢者の介護作業をしたりすることなどはありえない。そんなことは、法制度上も許されないはずだ。人工知能ロボットは、患者の体内で微細な作業をしたり、こわばった高齢者を抱え上げて入浴させてくれたりするだろうが、そこには必ず、医者や介護ヘルパーが付き添っていなくてはならない。

自動運転のクルマも同様である。高齢化社会において、高度なセンサーを備えた人工知能が操縦する自動運転車へのニーズはとても高い。これによって交通事故が激減することも期待される。だが、だからといって運転手が不要になるわけではないのである。混雑した東京の街路などでは、人間の柔軟な判断にまかせたほうがよい場合もある。

　要するに、特定目的に向けた専用の人工知能（ＡＩ）とは、実はあくまで人間の知能増幅（ＩＡ）用の装置に他ならない。とすれば、「人間より賢いロボットに仕事を奪われる！」といった類いの恐怖は消えてなくなるだろう。

　では、仕事の質はどう変わるのだろうか。ＩＡ技術の提供側つまりメーカーサイドでは、研究開発だけでなく保守維持の仕事が急増するはずである。当然、関連する雇用は増えていく。単に間違いなく作動させるだけでなく、必要におうじてその機能をオープンにすることも求められる。社会の知的活動の重要な一翼を人工知能が担う以上、その面倒をみるＩＴエンジニアの仕事には、現在よりもっと陽《ひ》が当たって当然である。

　加えて、ＩＡ技術の受益側つまりユーザーサイドでは、これを使いこなすスキルが要求される。ここで肝心な点は、ただ表面的なインターフェイス・テクニックの習得で終わってはならないということだ。そうではなく、人数比率からいえば圧倒的多数のユーザーサイドの人々もふくめ、われわれ全員が、もっと正面から、ビッグデータ型人工知能をはじめとするコンピュータ技術と向き合わなくてはならない。

　コンピュータ技術はいったい人間社会にいかなる利点とリスクをもたらすのか？――これをきちんと考察するには、まず「情報やデータとは本質的に何なのか」という問いかけについて洞察を加えることが必要だ。その上で、二一世紀情報社会における責任や、プライバシー、セキュリティなどの諸問題について衆知を集めていかなくてはならない。これを怠ると、われわれはまっしぐらに、社会メガマシンの歯車に転落していくだろう。過去のデータに縛られ、定型的行動しかできず、未来を切り拓く自由な生命力を失ってしまうだろう。

右にのべた文理融合の情報教育の刷新は、まさに、そういう罠を避けるためのものに他ならない。今や、われわれ全員がプレイヤーなのである。

ビッグデータや人工知能の専門的な研究開発は大切である。だが、それらの技術が社会で本格的に実用化されていくためには、一般の人々の意識もまた、変わらなくてはならない。そうしてはじめて、グローバルな水準を抜くアイデアが生まれてくるのである。

あとがき

昨年の夏、ひさしぶりに、米国シリコンバレーにあるスタンフォード大学を訪れた。私がこの美しい大学のコンピュータ・システム研究所に客員研究員として留学していたのは、一九八〇年代初頭、ちょうど第二次人工知能ブームの頃である。

抜けるような青空、広大なキャンパスに吹く風、どこまでも広がる解放感——当時の想い出は、私のささやかな人生体験のなかで、今なおキラめく宝石のような光彩をはなっている。

ところで当時、若いソフトウェア研究者だった私が衝撃を受けたのは、コンピュータという存在がただの高速計算機とは違う、もっと別の姿をもっているということだった。つまり、コンピュータとは「人間のように思考する機械」として生まれたのだ。この夢想は「人工知能」という形で、第三次人工知能ブームの今なお、健在なのである。そこには、長いユダヤ＝キリスト教の伝統でつちかわれた普遍主義、ロジカルな真理を地上で実現しようとする強烈な理想主義がある。

一九八〇年代、エキスパート・システムで脚光をあびたスタンフォード大学教授エドワード・ファイゲンバウムもユダヤ系の学者だった。グーグル社を創立したラリー・ペイジもセルゲイ・ブリンも、スタンフォード大学に学んだ筋金入りのユダヤ系普遍主義者である。彼らを単に、技術やビジネスの観点だけからとらえてはならない。インターネットや人工知能技術の基層には、高みをめざす一神教的な理想主義と宇宙観があるのだ。その普遍への志向は、離散の民の悲劇的運命とも関わっており、強く胸を打つ。

だが若かった私は、すさまじいその知的スケールに圧倒され敬意を覚えつつも、どこか納得のいかない点を感じていた。一歩まちがえると、高い理想主義は恐ろしい抑圧と独善をうむこともある。コンピュータという実用的な機械と一体化したそういう危うい理想主義と、われわれはどう付き合っていくべきなのだろうか……。

かくして私は理系のコンピュータ工学研究者から転身し、情報社会や情報文化を論じる文系の学者になった。一九八八年にはじめて出版した一般書『AI——人工知能のコンセプト』（講談社現代新書）は、その名のとおり思考機械論である。

普遍主義を批判し相対化するため、構造主義やポスト構造主義などフランス現代思想に夢中になり、一九九〇年代半ばにはフランスに留学した。さらに二〇〇〇年、文理融合の東京大学大学院情報学環ができると、設立当初からスタッフとして参加し、院生たちとともに、情報概念を生命的なものとして位置づける「基礎情報学」の研究にとりくんできた。同大学院を定年退職してからも、引きつづき活動をおこなっている。

誰もがスマートフォンと親しむようになった現在、もはや高性能コンピュータは生活の一部に他ならない。われわれは、ビッグデータ型人工知能の先端技術をただ脳天気に追うだけでなく、情報文明の深遠な基層にたいする想像力をもつべきなのだ。コンピュータという存在の隠された実像を見抜かなくてはならない。

そうすれば、「人間より賢い人工知能がわれわれから仕事を奪い、世界を支配する」などといった脅し文句に惑わされることはなくなる。そして「人工知能（ＡＩ）を人間機械化の道具にするな、逆に知能増幅（ＩＡ）技術と集合知を駆使して、着実に未来をひらけ」という本書の主張に賛同して頂けるだろう。

私が期待するのは、いまの若い世代である。彼らが、アジア的ともいえる多様な価値観と批判精神をもって、グローバルなＩＴ空間に本格参入する日は近いのではないか。そのとき、新たに多元的な理想主義が、しなやかで非抑圧的な二一世紀の世界を実現するために立ち現れてくるはずである。

最後に、本書の企画を進めてくださった中公新書編集部の太田和徳さん、そして長年にわたって私の執筆活動を支えてきてくれた家族に、心からの感謝をささげたい。

二〇一六年五月

西垣　通

な仕事しかできない人間は仕事を奪われ、淘汰されていくことになる。だがこれは、現代にかぎらず、産業革命どころか初期の文明以来、くり返されてきたことであり、特に珍しいわけではない。

（3）マイケル・ニールセン（高橋洋訳）『オープンサイエンス革命』、邦訳書、26～27頁。
（4）詳しくは、ケネス・アロー（長名寛明訳）『社会選択と個人的評価』などを参照。
（5）公共哲学の参考文献は数多いが、ここでは入門的な啓蒙書として、マイケル・サンデル（鬼澤忍訳）『これからの「正義」の話をしよう』にもとづいて分類をおこなっている。
（6）西垣通『ネット社会の「正義」とは何か』の第四章を参照。そこでは、基礎情報学的な考察にもとづき「N-LUCモデル」というアプローチを提案している。
（7）アントニオ・ダマシオ（田中三彦訳）『生存する脳』に述べられている「ソマティック・マーカ仮説」を参照。
（8）詳しくは、ドミニク・チェン『インターネットを生命化する』の第六章を参照。
（9）人間のコミュニティはコミュニケーションからなる一種の自律閉鎖系を形成するが、コンピュータは他律開放系なので、ハイブリッド・コミュニティは暫定的閉鎖系となる。詳しくは、西垣通＋河島茂生＋西川アサキ＋大井奈美（共編）『基礎情報学のヴァイアビリティ』第八章の拙論「暫定的閉鎖系についての一考察」を参照。
（10）ドミニク・チェン「Cybernetic Serendipity 再考」、『現代思想』43巻18号、2015年12月号、77頁。
（11）2015年10月29日付け毎日新聞。
（12）中島聡『生命と機械をつなぐ授業』を参照。また、このテキストにもとづくDVD教材として、『基礎情報学に基づく高校教科「情報」の指導法』（全三巻）ジャパンライム、2014年、がある。
（13）正式名称は、報告「大学教育の分野別質保証のための教育課程編成上の参照基準　情報学分野」である。日本学術会議のホームページ（http://www.scj.go.jp/）の「報告」の項を参照。
（14）ちなみに、英国と米国の代替率はそれぞれ35%、47%である。詳細は、寺田知太「なくなる仕事100　なくならない仕事100」、『中央公論』2016年4月号、48～55頁、などを参照。
（15）人間と機械の仕事の切り分けにおいて、機械にできる定型的

いう文脈で論じられてきた。しかし、本書は、全宇宙を統べるメカニズムのような超越的存在をそもそも仮定しない。

（5）ドミニク・チェン「Cybernetic Serendipity 再考」、『現代思想』43巻18号、2015年12月号、75頁。

（6）近年多用されるオブジェクト指向プログラムは抽象度が高いので、一般に分析が難しい。また、深層学習においてはとくに、実行される処理の論理的内容のトレースは困難だといわれる。

（7）マイクロソフト社は2016年3月、人工知能「Ｔａｙ（テイ）」がツイッターで「ヒトラーは間違っていない」と発言し始めたため、この実験を中止した。「一般人と対話しながら人工知能が賢くなっていく」という発想がいかに的外れか、これで明らかだろう。人工知能は記号の統計処理をしているだけで、独裁者ヒトラーのことなど全く知らないのだ。にもかかわらず、「やがて人工知能がジャーナリストに代わって記事を書くようになる」などと吹聴する声があがるのは、大魔神を待望しているのだろうか。

（8）ニクラス・ルーマンは、社会を、コミュニケーションを構成素とするオートポイエティック・システムとしてとらえた。オートポイエティック・システムは、自律システムの下位概念である。詳しくは、拙著『続　基礎情報学』第一章三節などを参照。

（9）たとえば、自動運転のクルマを操作する人工知能を、人間の運転手と同等とみなす法律が定められたとすれば、事故がおきても自動車メーカーは製造物責任を問われないかもしれない。

（10）マイヤー＝ショーンベルガー＋クキエ（斎藤栄一郎訳）『ビッグデータの正体』、邦訳書、257〜261頁を参照。

（11）カーツワイル（井上健監訳）『ポスト・ヒューマン誕生』、邦訳書、503頁

（12）同上書、502〜506頁を参照。

第五章

（1）ジェームズ・スロウィッキー（小髙尚子訳）『「みんなの意見」は案外正しい』には、この二つ以外にも集合知の豊富な例があげられている。

（2）マイケル・ポラニー（佐藤敬三訳）『暗黙知の次元』を参照。

た。

(16) ヴィトゲンシュタインの言語ゲーム論を想起して頂きたい。なお、ソシュールは記号表現（signifiant）と記号内容（signifié）の組み合わせが要素となってラングの体系ができるといったが、これは共時的な側面であり、言語使用つまりパロールによる通時的な変化も無視されてはいない。

(17) 多数の画像データにもとづく深層学習により、コンピュータが「猫」を自動認識するとき、多種多様な猫ではなく一匹の特定の猫（我が家の愛猫タマちゃんなど）を認識するほうがたやすいだろう。だがこれは固有名詞をもつ存在の認識であり、普通名詞の「猫」という概念の獲得ではない。人間の扱う概念は、コミュニケーションによって動的に広がり再定義をくり返していくのである。「僕のガールフレンドはまるで猫だ」「えっ、なぜ？」「可愛くて気まぐれだからさ」といった具合だ。

(18) フレデリック・カプラン（西兼志訳）『ロボットは友だちになれるか』などを参照。

(19) 19世紀末に、ウィリアム・ジェイムズとカール・ランゲが提唱した説。刺激が身体変化をひきおこし、それが情動をうむと主張した。アントニオ・ダマシオら現代の脳科学者がこの学説を実証した。

第四章

(1) カプラン（西兼志訳）『ロボットは友だちになれるか』、邦訳書、170～171頁。

(2) 情報の加法性をみたすために、対数関数が用いられる。

(3) クロード・E・シャノン＋ワレン・ウィーバー（植松友彦訳）『通信の数学的理論』を参照。なお、ベル研究所紀要の原題は *A Mathematical Theory of Communication* であるが、単行本では *The Mathematical Theory of Communication* であり、「A」が「The」になっている。決定版ということだろうか。

(4) 哲学的には、「自由意思」の問題は、人間が社会的な選択や判断をする自由というより、むしろ人間の意思や行動そのものが全宇宙を統べるメカニズムによって予め決定されているか否か、と

科学）によって完全に解決することはできない」と述べている。『ポスト・ヒューマン誕生』、邦訳書、506頁を参照。

（5）前掲『ポスト・ヒューマン誕生』、邦訳書、242頁。

（6）セバスチャン・スン（青木薫訳）『コネクトーム』を参照。

（7）ジェイムズ・バラット（水谷淳訳）『人工知能―人類最悪にして最後の発明』、邦訳書、150頁。

（8）人間の操作なしに敵を探索し攻撃する「自律型人工知能兵器の開発禁止」を求める署名文書が、2015年、国際人工知能会議で公表された。署名した約12000名のなかには、スティーブン・ホーキングやイーロン・マスクのほか、言語学者ノーム・チョムスキーやアップル社の創業者スティーブ・ウォズニアックなどの著名人も加わっている。そこでは人工知能兵器を、火薬と核兵器につぐ第三の軍事的な革命と位置づけている。

（9）大規模な人工知能プログラムは、ネット上に分散した多数のサイトのコンピュータで作動すると考えられるので、電源を切れば片が付くというほど問題は簡単ではない。さらに基幹インフラの制御システムは、電源遮断にたいする自動復旧機能を備えているだろう。

（10）前掲『人工知能―人類最悪にして最後の発明』、邦訳書、202頁。

（11）デカルトは、人間についても、その精神は脳の一部である松果体に宿り、それ以外の身体器官は機械的な物質だと見なした。

（12）ウィーナーが著したサイバネティクスの啓蒙書『人間の人間的な利用（*The Human Use of Human Beings*）』の邦訳タイトルが『人間機械論』だったことは、この天才が抱えた矛盾を象徴している。

（13）相互に観察しあうことで独我論の欠点は調整されるので、三次以上の観察は必要がない。

（14）ネオ・サイバネティクスについては、「特集　ネオ・サイバネティクスと21世紀の知」、『思想』2010年7月、などを参照。今や、オートポイエーシス理論は、生物学にかぎらず多様な分野で研究されている。

（15）詳しくは、ジョセフ・ワイゼンバウム（秋葉忠利訳）『コンピュータ・パワー』を参照。拙著『ＡＩ』の第一章に概略をまとめイズ処理を加えた膨大な学習データによって、この技術を実用化したのが深層学習といえる。そのわかりやすい啓蒙書として、松尾豊『人工知能は人間を超えるか』があげられる。

(11) 当時助教授だった甘利俊一は、東京大学名誉教授となった今も、その分野のリーダーとして研究を続けている。

(12) 厳密に言うと、シニフィアンとシニフィエのあいだに必然的関係はないというのも一種の恣意性ではあるが、これは自明のことであり、より大切な恣意性は、対象つまり世界の分節化の仕方が相対的だ、ということなのである。詳しくは丸山圭三郎などの著作を参照。

(13) ブルーノ・オルスホーゼンの「スパース・コーディング理論」はこれに近い。関連した古典的議論として、特定の対象物を認識すると発火する、いわゆる「おばあさん細胞仮説」が有名だが、この仮説は脳科学者のなかで必ずしも支持されているとは言えない。

(14) 2016年、英国の囲碁ソフト「アルファ碁」が韓国のトップ級プロ棋士イ・セドル九段を破り、「チェスや将棋につづき、囲碁でもコンピュータが人間に勝った」と大騒ぎになった。アルファ碁では深層学習が活用されている。しかしこの勝利は、人間の直感的な大局観そのものを人工知能が獲得したのではなく、大局観に対抗できるビッグデータ処理技術を人間が開発したにすぎない。

第三章

(1) レイ・カーツワイル(井上健監訳)『ポスト・ヒューマン誕生』、邦訳書、16〜20頁。

(2) 学問的には特異点(シンギュラリティ)という用語は、数学的に関数値が無限大に発散する点や、物理的にブラックホールに近接する点など、状態がガラリと変化する点をあらわすことが多い。

(3) 汎用人工知能(AGI)を、いわゆる「強いAI」ではなく、複数用途の専用AIとして共通に使用可能な、単なる高機能AIと位置づけることもできる。しかし、普通は意識をもつような「強いAI」を意味するので、本書でもそうすることにする。

(4) カーツワイルは、「意識の問題は、客観的測定や分析(つまり

(14) おそらくグーグル・チームの分析では、もっと精密な分析処理がおこなわれており、インフルエンザ流行予測の可能性は高いと推定される。

第二章

（1）現実には、これら三つの回路の機能を実現できるＮＡＮＤ回路だけが使われることが多い。

（2）汎用チューリング機械は、０と１の記号でデータが書かれた長いテープをプログラムにしたがってワンステップずつ順番に読み書きするのだが、ここでプログラム自体も一種のデータなのである。またＥＤＶＡＣの技術面担当は、コンピュータの発明者とされるエッカートとモークリーだった。

（3）数学的な命題についてのヒルベルトのこの信念は、1930年代初め、クルト・ゲーデルの不完全性定理によって否定された。

（4）ヴィトゲンシュタインはその後、論理一辺倒の思考を反省して、言語の意味についてより深く考察した『哲学探究（*Philosophische Untersuchungen*）』（1953年）をあらわした。

（5）ＭＹＣＩＮの診断は比較的正確だったといわれるが、責任問題もからんで、ほとんど実用には供されていない。

（6）百科事典の内容を、せっせと知識命題としてコンピュータに入力していた「ＣＹＣ」というプロジェクトもあったが、目立った成果はあがっていない。

（7）補助的な情報をあたえて文脈を規定する試みは、状況意味論（situation semantics）をはじめ種々おこなわれてきたが、決定打とはなっていない。

（8）嵐になる事後確率を$p(y \mid x)$、嵐になる事前確率を$p(y)$、黒雲が出る確率を$p(x)$、嵐の前日に黒雲が出る確率を$p(x \mid y)$とするとき、次式がなりたつのがベイズの定理。

$$p(y \mid x) = \{p(x \mid y)/p(x)\}\ p(y)$$

（9）2013年、ジェフリー・ヒントンはグーグル社に特別研究員として招聘された。

(10) 自己符号化という技術自体はそれほど新しいわけではない。たとえば、合原一幸『ニューラルコンピュータ』を参照。ただ、ノ

注

第一章

（1）さらに加えて、方角検知用の磁石、加速度計、温度計、気圧計などのセンサーが入っていることもある。

（2）こういった実験ツールとして「グーグル・グラス」が知られている。

（3）日本経済調査協議会『ユビキタスネット社会への日本の課題』などを参照。

（4）坂村健（監修）『コンピューターがネットと出会ったら』などを参照。

（5）ビクター・マイヤー゠ショーンベルガー＋ケネス・クキエ（斎藤栄一郎訳）『ビッグデータの正体』、邦訳書、108～111頁。

（6）ネイサン・イーグル＋ケイト・グリーン（ドミニク・チェン監訳）『みんなのビッグデータ』、邦訳書、98頁を参照。

（7）前掲『ビッグデータの正体』、邦訳書、231～234頁に詳しい。

（8）1990年代に米国ニュージャージー州で成立したミーガン法が、性犯罪者の情報公開法としてよく知られている。その後、各州に広がった。英国や韓国などにも同様の制度がある。

（9）1989年、女子高校生が1ヵ月以上にわたる監禁と性的暴行のすえに惨殺された事件。4人の加害者はすべて少年だった。

（10）1997年、当時14歳の中学生が、小学生5名を残忍な方法でつづけざまに襲い、2人を死亡させ3人に重傷を負わせた。酒鬼薔薇聖斗事件ともいわれる。

（11）前掲のマイヤー゠ショーンベルガーとクキエの啓蒙書『ビッグデータの正体』の冒頭には、ビッグデータ分析の典型的成果としてこれが紹介されている。

（12）前掲『ビッグデータの正体』、邦訳書、107～108頁。

（13）人間が死なないという例外はなさそうだが、後述するシンギュラリティ（技術的特異点）仮説の信奉者のなかには、近未来に人間の不死性が可能だと主張する者もいる。

尚子訳『「みんなの意見」は案外正しい』角川書店、2006 年〕
西垣通（監修）『ユーザーがつくる知のかたち』角川インターネット講座第 6 巻、KADOKAWA、2015 年
Polanyi, M. *The Tacit Dimension*, Routledge, 1966.〔佐藤敬三訳『暗黙知の次元』紀伊國屋書店、1980 年〕
Page, S. E. *The Difference*, Princeton Univ. Press, 2007.〔水谷淳訳『「多様な意見」はなぜ正しいのか』日経ＢＰ社、2009 年〕
Nielsen, M. *Reinventing Discovery*, Princeton Univ. Press, 2011.〔高橋洋訳『オープンサイエンス革命』紀伊國屋書店、2013 年〕
西垣通『ネット社会の「正義」とは何か』角川選書、2014 年
Arrow, K. J. *Social Choice and Individual Values*（*3rd ed.*）, Yale Univ. Press 2012（1963, 1951）.〔長名寛明訳『社会的選択と個人的評価』（第三版）勁草書房、2013 年〕
Sandel, M. J. *Justice*, Farrar, Straus and Giroux, 2009.〔鬼澤忍訳『これからの「正義」の話をしよう』早川書房、2010 年〕
ドミニク・チェン『インターネットを生命化する』青土社、2013 年
西垣通＋河島茂生＋西川アサキ＋大井奈美（共編）『基礎情報学のヴァイアビリティ』東京大学出版会、2014 年
中島聡『生命と機械をつなぐ授業』高陵社書店、2012 年
西垣通『生命と機械をつなぐ知』高陵社書店、2012 年
日本学術会議（編）『報告「大学教育の分野別質保証のための教育課程編成上の参照基準：情報学分野」』2016 年 3 月
（http://www.scj.go.jp/ja/info/kohyo/pdf/kohyo-23-h160323-2.pdf）

2011 年〕
Wiener, N. *The Human Use of Human Beings* (*2nd Ed.*), Doubleday, 1954.〔鎮目恭夫＋池原止戈夫（共訳）『人間機械論』みすず書房、1979 年〕
ユクスキュル＋クリサート『生物から見た世界』日高敏隆＋羽田節子（共訳）、岩波文庫、2005 年
Maturana, H. R. and Varela, F. J. *Autopoiesis and Cognition*, Reidel, 1980.〔河本英夫訳『オートポイエーシス』国文社、1991 年〕
Damasio, A. R. *Descartes' Error*, Putnam Adult, 1994.〔田中三彦訳『生存する脳』講談社、2000 年、のち『デカルトの誤り』と改題してちくま学芸文庫、2010 年〕

第四章

Luhmann, N. *Die Gesellschaft der Gesellschaft I-II*, Suhrkamp, 1997.〔馬場靖雄＋赤堀三郎＋菅原謙＋高橋徹（共訳）『社会の社会』（１・２）法政大学出版局、2009 年
Kaplan, F. *Les Machines Apprivoisées*, Vuibert, 2005.〔西垣通監修、西兼志訳『ロボットは友だちになれるか』ＮＴＴ出版、2011 年〕
西垣通『続　基礎情報学』ＮＴＴ出版、2008 年
Shannon, C. E. and Weaver, W. *The Mathematical Theory of Communication*, Univ. Illinois Press, 1949.〔植松友彦訳『通信の数学的理論』ちくま学芸文庫、2009 年〕
Johnson, D. G. *Computer Ethics* (*3rd ed.*), Prentice Hall, 2001.〔水谷雅彦＋江口聡（監訳）『コンピュータ倫理学』オーム社、2002 年〕
西垣通＋竹之内禎（編著訳）『情報倫理の思想』ＮＴＴ出版、2007 年
水谷雅彦＋越智貢＋土屋俊（編著）『情報倫理の構築』新世社、2003 年
西垣通＋伊藤守（編著）『よくわかる社会情報学』ミネルヴァ書房、2015 年

第五章

西垣通『集合知とは何か』中公新書、2013 年
Surowiecki, J. *The Wisdom of Crowds*, Doubleday Broadway, 2004.〔小高

「小特集　画像認識革命」、『情報処理』56巻7号、2015年7月
岡谷貴之『深層学習』講談社ＭＬＰシリーズ、2015年
人工知能学会（監修）、神嶌敏弘（編）『深層学習 Deep Learning』近代科学社、2015年
松尾豊『人工知能は人間を超えるか』角川ＥＰＵＢ選書、2015年
小林雅一『ＡＩの衝撃』講談社現代新書、2015年

第三章

Kurzweil, R. *The Singularity is Near*, Viking Adult, 2005.〔井上健（監訳）、小野木明恵＋野中香方子＋福田実（共訳）『ポスト・ヒューマン誕生』ＮＨＫ出版、2007年〕
Barrat, J. *Our Final Invention*, Thomas Dunne, 2013.〔水谷淳訳『人工知能』ダイヤモンド社、2015年〕
Shanahan, M. *The Technological Singularity*, MIT Press, 2015.〔ドミニク・チェン（監訳）『シンギュラリティ』ＮＴＴ出版、2016年〕
Moravec, H. *Mind Children*, Harvard Univ. Press, 1988.〔野崎昭弘訳『電脳生物たち』岩波書店、1991年〕
Weizenbaum, J. *Computer Power and Human Reason*, W. H. Freeman & Company, 1976.〔秋葉忠利訳『コンピュータ・パワー』サイマル出版会、1979年〕
Seung, S. *Connectome*, Houghton Mifflin Harcourt, 2012.〔青木薫訳『コネクトーム』草思社、2015年〕
「特集　人類とICTの未来――シンギュラリティまで30年？」、『情報処理』56巻1号、2015年1月
「特集　人工知能――ポスト・シンギュラリティ」、『現代思想』43巻18号、2015年12月号
「特集　ネオ・サイバネティクスと21世紀の知」、『思想』1035号、2010年7月
Clarke, B. and Hansen, M. B. H.（eds.）*Emergence and Embodiment*, Duke Univ. Press, 2009.
西垣通『基礎情報学』ＮＴＴ出版、2004年
Wiener, N. *Cybernetics*, MIT Press, 1948=1961.〔池原止戈夫＋彌永昌吉＋室賀三郎＋戸田巌（共訳）『サイバネティックス』岩波文庫、

おもな参照文献（専門的なものは除く）

第一章

「特集　ポスト・ビッグデータと統計学の時代」、『現代思想』42巻9号、2014年6月号

Eagle, N. and Greene, K. *Reality Mining*, MIT Press, 2014.〔ドミニク・チェン（監訳）『みんなのビッグデータ』ＮＴＴ出版、2015年〕

Mayer-Schönberger, V. and Cukier, K. *Big Data*, Houghton Mifflin Harcourt, 2013.〔斎藤栄一郎訳『ビッグデータの正体』講談社、2013年〕

「特集　ビッグデータがもたらす超情報社会」、『情報処理』56巻10号、2015年10月

西垣通『ウェブ社会をどう生きるか』岩波新書、2007年

日本経済調査協議会『ユビキタスネット社会への日本の課題』調査報告2007-1，2007年7月

坂村健（監修）『コンピューターがネットと出会ったら』角川インターネット講座第14巻、KADOKAWA、2015年

坂村健『IoTとは何か』角川新書、2016年

第二章

西垣通『ＡＩ』講談社現代新書、1988年

西垣通『秘術としてのＡＩ思考』ちくまライブラリー、1990年（のち『思考機械』と改題して、ちくま学芸文庫、1995年）

淵一博＋赤木昭夫『第５世代コンピュータを創る』日本放送出版協会、1984年

Barr, A., Feigenbaum, E. A. and Cohen, P. R.（eds.）*The Handbook of Artificial Intelligence I-III*, William Kaufman, 1981-1982.〔田中幸吉＋淵一博（監訳）『人工知能ハンドブック』（Ⅰ－Ⅲ）共立出版、1983-1984年〕

西垣通『ペシミスティック・サイボーグ』青土社、1994年

合原一幸『ニューラルコンピュータ』東京電機大学出版局、1988年

西垣 通（にしがき・とおる）

1948年東京都生まれ．東京大学工学部計数工学科卒業．日立製作所に入社．コンピュータ・ソフトの研究開発に携わる．その間，スタンフォード大学で客員研究員．その後，東京大学大学院情報学環教授などを経て，東京大学名誉教授．工学博士．専攻は情報学・メディア論．

著書『集合知とは何か』（中公新書，2013年）
『AI原論』（講談社選書メチエ，2018年）
『ネット社会の「正義」とは何か』（角川選書，2014年）
『生命と機械をつなぐ知』（高陵社書店，2012年）
『ウェブ社会をどう生きるか』（岩波新書，2007年）
『デジタル・ナルシス』（岩波書店，1991年／第13回サントリー学芸賞受賞）
『基礎情報学』（NTT出版，2004年）
『続 基礎情報学』（NTT出版，2008年）
ほか多数

ビッグデータと人工《じんこう》知《ち》能《のう》
中公新書 *2384*

2016年7月25日初版
2019年2月25日8版

著　者　西垣　通
発行者　松田陽三

本文印刷　暁印刷
カバー印刷　大熊整美堂
製　　本　小泉製本

発行所　中央公論新社
〒100-8152
東京都千代田区大手町1-7-1
電話　販売 03-5299-1730
　　　編集 03-5299-1830
URL http://www.chuko.co.jp/

Published by CHUOKORON-SHINSHA, INC.
Printed in Japan　ISBN978-4-12-102384-1 C1250

科学・技術

- 1843 科学者という仕事 酒井邦嘉
- 2375 科学という考え方 酒井邦嘉
- 2373 研究不正 黒木登志夫
- 1912 数学する精神 加藤文元
- 2007 物語 数学の歴史 加藤文元
- 2085 ガロア 加藤文元
- 1690 科学史年表（増補版） 小山慶太
- 2204 科学史人物事典 小山慶太
- 2476 〈どんでん返し〉の科学史 小山慶太
- 2354 力学入門 長谷川律雄
- 2507 宇宙はどこまで行けるか 小泉宏之
- 2271 NASA—宇宙開発の60年 佐藤靖
- 2352 宇宙飛行士という仕事 柳川孝二
- 1856 カラー版 宇宙を読む 谷口義明
- 2089 カラー版 小惑星探査機はやぶさ 川口淳一郎
- 1566 月をめざした二人の科学者 的川泰宣
- 2398 2399 2400 地球の歴史（上中下） 鎌田浩毅
- 2340 気象庁物語 古川武彦
- 2520 気象予報と防災—予報官の道 永澤義嗣
- 1948 電車の運転 宇田賢吉
- 2384 ビッグデータと人工知能 西垣通
- 2178 重金属のはなし 渡邉泉